书籍装帧艺术探究

蒲丽丽◎著

中国出版集团 现代出版社

图书在版编目（CIP）数据

书籍装帧艺术探究 / 蒲丽丽著. -- 北京 : 现代出版社, 2023.9

ISBN 978-7-5231-0493-4

Ⅰ. ①书… Ⅱ. ①蒲… Ⅲ. ①书籍装帧—设计 Ⅳ. ①TS881

中国国家版本馆CIP数据核字(2023)第153438号

书籍装帧艺术探究

作　　者　蒲丽丽
责任编辑　姜　军
出版发行　现代出版社
地　　址　北京市朝阳区安外安华里504号
邮　　编　100011
电　　话　010-64267325　64245264(传真)
网　　址　www.1980xd.com
电子邮箱　xiandai@ cnpitc.com.cn
印　　刷　北京四海锦诚印刷技术有限公司
版　　次　2023年9月第1版　2023年9月第1次印刷
开　　本　185 mm×260 mm　1/16
印　　张　10.25
字　　数　230千字
书　　号　ISBN 978-7-5231-0493-4
定　　价　68.00元

前　言

书籍是人类文明的重要载体之一，而书籍装帧艺术则是书籍文化中重要的组成部分，它不仅能够让人们更好地欣赏和阅读书籍，还能够折射出时代的审美与文化。随着时间的推移，书籍装帧不断演变和发展，从最初简约的书籍装帧到现在的各种装帧设计，都展示了人们的审美追求和文化变迁。此外，书籍的装帧艺术和设计，既可以通过结合传统方法和现代方法，来营造出一些复古和新颖的视觉效果，也可以通过技术上的创新，从而达到更高水平的视觉理解和创意表达。

鉴于此，笔者以《书籍装帧艺术探究》为选题，首先，探讨书籍与装帧的内涵、中国书籍设计的历史发展状况、外国书籍设计的历史发展状况、现代书籍设计的功能与艺术价值，并对书籍装帧艺术的构成要素、书籍装帧的整体设计进行分析；其次，对书籍装帧艺术中的形式美、书籍的印刷工艺进行详细论述；最后，围绕书籍装帧艺术的实践进行探究。

本书不仅介绍了各种常见的装帧形式，还对其历史背景、设计理念、材料选择、制作工艺等方面进行了详细解析，书中以直观的方式展示了各种不同风格的装帧作品，让读者能够从中领略到不同文化、时代的装帧艺术之美。此外，本书突出实践性，力求让读者不仅可以从内容上领略到美学的魅力，也可以从形式上享受到阅读的愉悦。

笔者在写作本书的过程中，得到了许多专家学者的帮助和指导，在此表示诚挚的谢意。由于笔者水平有限，加之时间仓促，书中所涉及的内容难免有疏漏之处，希望各位读者多提宝贵意见，以便笔者进一步修改，使之更加完善。

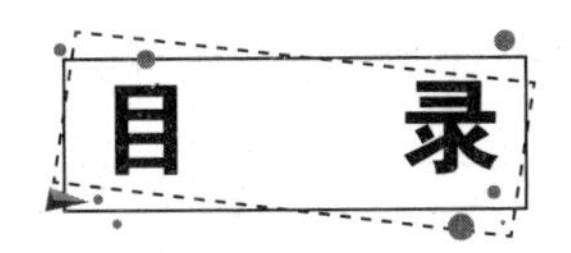

目　　录

第一章　书籍与装帧艺术概论

第一节　书籍与装帧的内涵

一、书籍

书籍是我们人类表达思想、传播知识、积累文化和传承文明的物质载体。人类文明的发展与书籍息息相关，作为人类文明的象征，千百年以来，书籍一直以文字、图形等视觉符号忠实地记录着人类社会的发展历程，在人类文明史上作出了不可替代的贡献。纸张的发明以及印刷术的发展让书籍得以通过印刷传播，从此书籍不再只是特权阶级的专属，广大民众也可以通过书籍了解信息。因此，书籍不仅是人类社会实践的产物，同时也是一种特定的不断发展着的知识传播工具。

书籍是以承载信息、传播知识为目的，用文字或其他信息符号于一定形式的材料之上记录知识、表达思想感情并集结成卷册的著作物。随着如今材料科技的不断进步与发展，书籍的载体已经由传统的纸张扩充到布、竹片、塑料、皮革等非纸类材料之上，也出现了油印、石印、影印、铅印、静电复印以及胶版彩印的印刷工艺，因而出现了形形色色的书籍。随着设计领域的不断延伸，书籍的形式也在不断演化，出现了许多奇妙的书，但始终是围绕着阅读、感知、美感、便利等原则，如立体书、微缩书等。

如今，书籍电子化的快速发展，海量的信息容纳空间，轻薄、便携的阅读终端等一系列新技术、新设备的涌现，预示着全新的阅读时代已经来临。尽管书籍的材料及形态发生着巨大的改变，纸质书籍的生存空间正日益受到电子书的威胁，但相比电子书，纸质书籍能让读者对图书产生更全面的认识。最重要的是，书本带给人们的亲和感和触觉上的体验是显示屏永远无法提供的。纸质书籍的可触性填补了信息传播以外的情感上的缺口，也是书籍内涵的延伸。一个愉悦的阅读过程，绝不是单纯的大量信息的填充，而是读者与书籍之间的情感互动。好的书籍装帧应该是体贴的，能配合书的内容、气质和内涵，于细节处流露出对读者的关怀。因此，在当前以及未来相当长的一段时间内，以纸张为基本材料，以印刷技术为实现手段的书籍仍会占据主导地位。

自人类文明诞生开始，书籍就以其巨大的信息承载量成为人们表达思想、抒发情怀的载体，是人类思想交流的完美产物，也是传播知识、积淀文化的工具，依靠其独有的艺术魅力成为我们生活中不可或缺的一部分。书籍装帧艺术随着书籍的诞生而出现，以其独特的审美价值随着时代的进步而不断发展。书籍装帧不能与书籍分离开来，因为装帧是书籍的一部分，是书籍的脸面，是浓缩了书籍的精华内容并直观表现于形式之上的。

二、书籍装帧

“书籍装帧”一词最早是从《韦氏大词典》中的“Book Binding”翻译过来的，“Binding”有多层意思，有捆绑和黏合之义，也指书的装订、装帧的意思。随着时代的进步与社会的发展，“装帧”一词越来越得到社会和出版界的认可，人们对现代书籍装帧概念的理解不再是狭隘的封面设计和单纯的书籍制作，而是重新把书籍装帧定义为一种由内至外的书籍整体构想与制作行为，因此“书籍装帧”成为专指书籍美术设计的学术名词。

现代书籍装帧是一门艺术，是通过特有的形式、图像、文字、色彩向读者传递书籍的科学知识信息。随着书籍装帧观念的不断发展，现代书籍装帧的范围也在逐渐扩大，其范围既包括对未来书籍形态的探索，也包括对现代书籍工艺的创新，并且更加具体，不仅涵盖了最初的书籍形态的策划，还包括开本的选择、封面和扉页的设计、正文内的版式编排和插图设计，以及印刷工艺和装订的选择等。同时，随着网络等新兴媒体的刺激不断加强，如今的书籍装帧事业发展到了一个相对繁荣的时期，现代书籍装帧大胆地更新以往的表现形式、制作工艺和材料，促进了书籍材料、书籍印刷、书籍装订工艺的发展，展现了书籍装帧的文化底蕴和艺术价值。

由此看来，现代书籍装帧设计不是单一的，而是朝多向化发展的，现代书籍装帧设计不仅要升华其外表形式，也要更新内在的气韵，更注重文化含量，充分体现出书籍装帧的空间性。中国现代著名书籍设计家吕敬人先生曾经通过多年的书籍设计实践，突破了传统狭隘的二维装帧概念，将构造学引入书籍装帧设计之中。此外，书籍设计是一种立体的思考行为，是塑造三维空间的“书籍建筑”，是营造外在书籍造型的物性构想和书籍内在信息传递的理性思考的综合学问，其目的不仅仅是要创造一本书籍的形态，还要通过设计让读者在参与阅读的过程中与书产生互动，从书中得到整体感受和启迪。所以，在将书籍的信息转化为二维或三维（虚拟）视觉形象的时候，装帧不仅要赋予字体、图形、色彩等新的视觉元素，还要赋予书籍更深层次的文化内涵，使现代的书籍装帧不仅在外在形式上不断发展更新，也在内在的气韵与文化底蕴上逐渐延展与深化。

设计界对于“装帧”的实质已经达成共识，“装帧”不是单一的、技术性的装订，而是全方位的从内文到外观、从信息传递到形态塑造的一系列设计活动，是把书籍思想内涵与特征具象化的过程，这要求设计者们必须适应新的变化，既要大胆地创新，又要注重书籍的内在精神和外在形态、文字与图像、设计工艺与流程等一系列系统化的问题，也要求设计者必须根据社会审美意识和视觉心理、市场需求，运用不同制版印刷工艺、纸张材料，不同设计造型手法去创新书籍装帧设计。还要求设计者在书籍装帧设计中弘扬民族文化，使之更加具有书卷气；实现书籍装帧设计的外在美观以及内在功能的和谐统一，使之更有品位。展望未来，中国的装帧艺术设计正朝着一个可持续的方向发展。

（一）书籍装帧的发展

20 世纪 50 年代，由于社会发展和经济状况的局限性，设计师无法参与书籍的整体设计，书籍装帧一直被认为是封面设计的代名词。20 世纪 80 年代，改革开放的大潮号召着传统行业从计划经济逐步向市场经济转变。各行各业响应开放的号召，民间思想、艺术都活跃起来。这一时期的图书出版业也有了很大的改变，民营书店与新华书店等国营书店分庭抗礼，对外来文化的吸收也从这一时期起逐步丰富起来。近年来，随着人们的文化自信心不断增强，人们开始反思书籍设计民族性的重要性。

随着现代社会的不断进步和技术的完善，书籍装帧的含义已经包含了对书籍各部分的设计。书籍装帧又称为书籍艺术，是在书籍生产过程中将材料和工艺、思想和艺术、外观和内容、局部和整体等组成和谐、美观的整体艺术。从解构书籍装帧的过程来看，书籍装帧包括选择开本、纸张、字体、内文版式、色彩、插图、装帧形式、印刷等。

（二）书籍装帧的设计

1. 书籍装帧设计的原则

（1）书籍装帧设计的功能性和艺术性的统一。在书籍装帧艺术中，功能性与艺术性是对立统一的关系。艺术性是从属于书籍的，书籍装帧的艺术设计要通过装帧特有的艺术手段为书籍的内容服务。没有书籍的存在，也就没有书籍装帧艺术，这决定了书籍装帧艺术具有鲜明的功能性特征。

书籍装帧的艺术性与书籍装帧功能性的完美结合，同时也是审美功能与使用功能的完美结合。任何脱离功能性的所谓的艺术性，都是失败的。这是因为在设计者的心目中只有他自己，却没有读者。而任何只注重于功能性却没有注重艺术性的设计，都丧失了书籍装帧的设计灵魂，忘记了书籍装帧要依靠艺术的形式去感动人、打动人。总之，优秀的书籍装帧设计作品都应该是艺术性与功能性的完美统一。

（2）书籍装帧设计形式与内容的统一。在书籍装帧设计中，书籍的内容决定了其装帧形式和装帧的表现手段，装帧设计必须反映和揭示该书的内容或者属性。如果书籍的封面设计与书籍的内容不相关，或者说它的表现形式与书籍的内容不相符，那么就会给读者造成误解或者产生歧义，书籍的内容就无法正确传达。

（3）书籍装帧设计局部与整体的统一。书籍装帧设计应该是局部服从整体、形式服从内容，这是处理每一个局部时都要遵循的原则。每一个局部设计都是要围绕着一个主题——书籍的内容。书籍装帧应该根据书籍内容的总体构思和设计，每一个局部都要服从整体，而且，各个局部之间在整体的限制下要相互协调，如图形、图案与文字设计的协调、色彩与造型的协调、表现形式与使用材料的协调等。

2. 新中式书籍装帧设计

20 世纪 50 年代，中国涌现出“十大建筑”优秀的建筑作品，它们创造性地使用了西方现代设计语言却又凸显了中国传统建筑的辉煌，让人耳目一新，从此设计界催生了新中式风格的概念。新中式风格随着 80 年代改革开放的浪潮在“多元化”的主导下，相继出现在室内建筑、产品包装设计的领域上。如今，新中式已经渗透到全领域的设计中，成为一种艺术上的潮流趋向。即以中华传统文化为根本，以取得全世界文化认同为目标，实现“古为今用，洋为我用”的未来设计主流意识。

中国书籍艺术历经漫长演变，蕴含着浓厚的历史气息。传统书籍所体现的精神哲学与美学思想是现代书籍装帧取之不尽、用之不竭的源泉。现代设计师力求取传统之精华结合西方现代设计的方式方法，创造出中国书籍设计的“新中式”风格。

中国书籍发展至今已不能用“纯中式”来形容，也需要摒弃“民族即世界即最好”的偏执观点来看待如今“和而不同”的世界。书籍装帧的新中式风格亦是如此，不是一味将中国古书籍的形式元素进行堆砌或照本模仿，而是要充分建立在对中国本土文化理解的最根本基础之上，运用全球现代优秀设计的意识和方法，科技与理念，延续中国传统书籍的隽秀之美，打造适合当下甚至未来中国人阅读的精神食粮。新中式书籍装帧通过对书籍装帧设计的每个环节的考究，实现我国哲学与现代科技、现代优秀意识的高度统一，这一风格永远是一个发展中的样式，随着时代和以人为主体的社会价值观的不断变化而寻求现代设计语汇与传统中国文化新的平衡点和契合点。

第二节　中国书籍设计的历史发展状况

作为中国文化传承的一个重要方面，“书籍”这一载体不仅承载了丰富的人类文化遗产，也是文化传承的重要媒介。书籍设计在文化传承过程中也发挥了重要的作用。以下将从历史角度出发，探讨中国书籍设计的发展状况。

在中国古代，书籍的出版是从手写、木刻到印刷的一个漫长的历史发展过程。在这个过程中，书籍设计一直是受限的，多以文字为主，而封面和版面设计常常仅仅是一个红圈和标题。直到隋唐时期，随着纸张的普及和书籍的兴起，书籍设计得到了一些发展，特别是印刷术的发明与应用，使得书籍制作和传播更加便利。在宋代，宋徽宗提出了“法象”的理论，提出“字、图、彩”三者的重要性，为书籍设计提供了良好的理论基础。而明清时期，书籍设计更是飞速发展，书籍内容、版面、插图、封面等多个方面都得到了全面的提升和发展。

随着中国现代文化的崛起与对西方文化的接触，中国书籍设计进入了一个新的发展阶段。早期的书籍设计更多引用了西方的设计元素，例如，造型、色彩、字体等。随着社会的变革，书籍设计开始更多反映了创作者自己的思考和艺术风格。20 世纪 30 年代，中国新文化运动的兴起为书籍设计带来了新的思想和审美风格，书籍设计中体现了越来越多的人文关怀、反思哲学和富有表现力的形式语言。70 年代末 80 年代初，中国改革开放的开启为书籍设计带来了更多的自由和开放，书籍设计引入了西方先进的设计思想和技术，拓展了书籍设计的语言和表现形式。如今，随着互联网和数字技术的发展，中国书籍设计得到了更为广泛的发展。数字化技术、在线出版和电子书籍等创新方式，让书籍设计在数字化时代也有了新的表现空间。同时，书籍设计为了适应新的时代发展，也在不断创新和探索，例如，采用具有科技感的设计风格、更加注重平面设计和精细效果等方式。

一、中国书籍的起源

“文字是书籍的第一要素，是书籍的关键部分。最初的文字形式是图画，即象形文字，而且大部分画在石壁上”①。中国自商朝就已经出现较成熟的文字——甲骨文。从甲骨文的分类和规模来看，已经算是书籍的萌芽。到了周朝，中国的文化进入第一次繁盛时期，

① 蔡颖君，乔磊，刘佳. 书籍装帧设计［M］. 北京：中国轻工业出版社，2015.

各种流派和学说层出不穷，形成了百家争鸣的局面。随着多种文化和思想的传播，作为载体的书籍大量出现。

周朝时，甲骨文开始向金文、石鼓文发展。随着社会经济的进步与文化的发展，文字体经历了大篆、小篆、隶书、草书、楷书、行书等演变。书籍的材质和形式也几经改变，逐渐完善。

第一，甲骨。河南安阳出土的大量龟甲和兽骨上刻有文字，这便是中国已发现的古代文字中时代最早、体系较为完整的文字——甲骨文。而作为载体的龟甲和兽骨，则是迄今为止我国发现的最早的文字载体。甲骨之上，所刻文字纵向成列，每列字数不一，皆随甲骨的形状而变化。

第二，石版。由于甲骨文的字形尚未规范化，字的笔画繁简不一，刻字大小不同，并且受到甲骨形状的限制，所以在横向很难成行，发展受到限制。后来，人们在陶器、岩石、青铜器和石碑上也有刻画文字。《韩非子·喻老》中有“周有玉版”之说，又经考古发现，周代已经开始使用玉版这种高档的材质刻画文字了。但由于材质名贵，因此使用量不大，多是上层贵族的用品，在下层社会中，人们会把文字刻在陶器等上面。

第三，竹简木牍。竹和木是中国正规书籍的最早载体。简是将竹子加工成统一规格的竹片，形状多狭长，再将竹片放置在火上烘烤，使其中的水分蒸发，防止日久虫蛀和变形，便于保存，然后在竹片上书写文字，即成竹简。再用革绳将竹简编成“册”，称为“简册”或“简策”。牍，是用于书写文字的木片。木牍的计量单位是片，且一般字数不多，多用于书信。在现代，有的出版社会模仿古代的简册制作方式来出版一些传统经典著作，但是多作为礼品或用以收藏。但是，作为书籍装帧的一种形式，学习和了解简册的制作是很有必要的，它有助于我们学习、借鉴优秀的传统文化和手法，为我们的设计提供创意的土壤。

第四，帛，古代对丝织品的统称。先秦的文献中多次提到了用帛作为书写材料。帛质轻、易折叠、书写方便。尺寸长短可根据文字的数量裁剪，卷成一束，称为“一卷”。帛作为书写材料，与简牍同期使用，但因价格较贵，所以不如简牍普及。

第五，纸。我国早在西汉时期就出现了纸。据资料研究，早期的纸与绢帛有关，且与现今意义上的纸是不同的。造纸术是中国古代的四大发明之一，是促使人类文化传播的重大发明。中国古代早在西汉便已有造纸术，到东汉时，蔡伦改进并提高了造纸工艺，使得纸张得以普及。魏晋南北朝时期，造纸技术，用材工艺等进一步发展，纸已经基本取代了帛，成为最主要的书写材料。

二、中国书籍装帧的历史变革

纸的出现确定了书籍的材质，隋唐雕版印刷术的发明则促成了书籍的成形，并且这种书籍形式一直延续到现在。印刷术代替了繁重的人工抄写方式，缩短了成书周期，提高了书籍的质量和数量，为知识的广泛传播、交流创造了条件，从而推动了人类文明的发展。而在这种情况之下，书籍的装帧形式也几经改变，先后出现过简册、帛书、卷轴装、经折装、旋风装、蝴蝶装、包背装、线装、简装和精装等形式。

第一，简册。中国最早的书籍形式是简册。简册始于商朝，一直延续到东汉。用竹子做的书称之为简册，用木板做的书称之为“版牍”。将竹子截断制成统一规格的竹签，在竹签上写上字，这根竹签则被称为“简”；把许多简编连起来便是“册”；将木头锯成段，削成薄板，在薄板上写上字，则称为“牍”。简册的分量重、占地大，一本完整的书籍往往由多卷简册组成，携带十分不方便。

第二，帛书。帛书指书写在帛上的文字。帛的本义为白色丝织物，即本色的初级丝织物。至晚在春秋战国时期，帛已经泛指所有的丝织物了。当时，帛的用途相当广泛，其中作为书写文字的材料，常与“竹帛”并举，并且帛是其中贵重的一种。至迟在汉代古籍上已有“帛书”一词，如《汉书·苏武传》载：“言天子射上林中，得雁，足有系帛书，言武等在某泽中。”而帛书的实际存在应当更早，可追溯至春秋时期，如《国语·越语》曰：“越王以册书帛。”不过，由于帛的价格远比竹简昂贵，它的使用仅限于达官贵人。

第三，卷轴装。唐代以前，纸本书的最初形式依然是采用帛书的卷轴装形式。轴，通常是一根木棍，也有的采用珍贵的材料，如玉、紫檀、象牙、珊瑚等。卷的左侧卷入轴内，右侧在卷外，前面装裱一段纸或丝绸，叫作镖。镖头系上丝带或绳，用来缚扎。卷轴装的纸本书从东汉一直沿用到宋初。卷轴装书籍形式的应用，使书籍的版式更加规范化，文字行列有序。与简册相比，卷轴装舒展自如，量轻，便于携带。书籍尺寸可以根据文字的多少随时裁取，阅读更加方便。一张纸写完可以加纸续写，也可以把几张纸粘在一起，成为一卷。后来人们把一篇完整的书稿称作一卷。

第四，经折装。经折装是在卷轴装的形式上改造产生的。随着社会的发展，文化的交流与传播，人们阅读书籍的需求不断增加，卷轴装的许多缺点逐步暴露出来，已经不能适应人们的新需求。例如，人们在翻阅卷轴装书籍的后面部分时也要从头打开，看完后还要再卷起，十分不方便。但是，经折装书籍的出现解决了卷轴装书籍的这个缺点，不仅方便人们阅读，也使书籍便于存放。经折装的具体做法是：将一幅长卷沿着文字版面的间隔，一反一正地折叠起来，形成长方形的一叠，在首尾两页分别粘上硬纸板或木板。经折装的形状和今天的书籍相似，装订方式却大不相同。

第五，旋风装。旋风装是在经折装的基础上改造的。虽然经折装的出现改善了卷轴装的缺陷，但其本身也存在一定的缺点，长期的翻阅会使书籍的折扣断开，使得书籍容易损坏，不便于长期使用和保存。于是，人们想出将写好的纸页按照先后顺序依次相错地粘贴在整张纸上，和房顶贴瓦片的方式类似。因此，翻阅每一页都很方便。但它的外形与卷轴装的区别不大，仍需卷起来存放。

第六，蝴蝶装。蝴蝶装就是将印有文字的纸面朝里折，再以中缝为准，将所有的纸张码齐后，用糨糊依次贴在另一包背纸上，然后裁齐成书，这种装帧形式于唐代兴起。蝴蝶装的书籍翻阅起来就像蝴蝶飞舞的翅膀，故称“蝴蝶装”。蝴蝶装不用线装订，而是用糨糊粘贴，但是非常牢固，是书籍装帧史上的一大突破。

第七，包背装。蝴蝶装虽然改善了书籍的装订方式，有很多方便之处，但仍有不完善的地方。蝴蝶装的书籍，因为文字朝里，每翻阅两页的同时必须翻动两页空白页。到了元朝，包背装取代了蝴蝶装。包背装与蝴蝶装的最大区别是，对折页的文字朝外，背向相对。具体做法是将印有文字的纸面朝外对折，两页的折口在外侧即书口处，将所有折好的书页放在一起，以折口处为基准码齐，书页内侧的余幅处用纸捻穿起来。用一张稍大于书页的纸张贴在表面，即从封面包到书脊和封底，然后将书籍裁切整齐，这样一册书就装订好了。包背装的书籍除了内页是单面印刷，且每两页的书口处是相连的以外，其他特征均与今天的书籍相似。

第八，线装。线装[①]是两张纸分别贴在封面和封底上，书脊和锁线外露。锁线分为四、六、八针订法。有的书籍需要特别保护，就在书籍的书脊两角包上绫锦，称之为“包角”。线装是中国印本书籍的基本形式。线装书起源于唐末宋初，盛行于明清时期，在民国时期仍有。现代也有出版社对一些特殊书籍采用线装。

第九，简装，也称“平装”，是出现铅字印刷术以后近现代书籍普遍采用的一种装帧形式。简装的装订方式又分为“锁线订”和“无线胶订”两种。简装书的书内页纸张是双面印，大纸折页后把每个印张于书脊处戳齐，骑马锁线，装上护封后，裁齐除书脊以外的其余三边，这种方法便是“锁线订”。锁线订步骤较烦琐，成本较高，但是比较牢固，适合较厚或重要的书籍。例如，词典多采用这种装订方式。如今，书籍装订多采用先裁齐书脊然后上胶，不锁线的方法，这便是“无线胶订”。相对锁线订而言，无线胶订经济快捷，节约成本，但却不是很牢固，适合较薄书籍或普通书籍。在 20 世纪二三十年代到五

---

① 线装是中国古代书籍装帧的一种形式。书籍内页的装订方法和包背装一样，不同之处在于护封。

六十年代前后，很多书籍采用铁丝双订的形式。另外，一些很薄的册子，则是将封面和内页折在一起后直接在书脊处穿铁丝，称为“骑马订”。

第十，精装。精装书籍在清代就已经出现，其装帧方法来自西方。清光绪二十年美华书局出版的《新约全书》就是精装书，封面镶有金字，非常华丽。精装书的最大优点是护封厚实坚固，可以很好地保护内页，使书籍经久耐用，且容易长时间保存。精装书的内页与平装一样，内页双面印字，装订方法多为锁线订，书脊处还要粘贴一条布条，使内页粘贴更牢固，具有保护作用。封皮的用材厚重且坚硬，封面和封底分别与书籍首尾页黏合，封皮的书籍与书内页的书籍多不粘连，能够较好地保护书的内页，比较灵活。

三、中国书籍装帧的近现代发展

随着西方印刷技术的传入，我国传统的雕版印刷逐渐被机器印刷取代，产生了以工业技术为基础的书籍装订工艺，出现了平装和精装，书籍装帧方法也发生了变化。除去传统的封面、封底，内页还出现了扉页、版权页、护封、环衬、目录页等新的书籍设计元素。设计者对于书籍装帧设计的范围也加大，新元素不断应用于书籍设计和印刷工艺。

（一）抗日战争时期的书籍装帧艺术

抗日战争爆发以后，随着战争形势的变化，全国形成国统区、解放区和沦陷区三大区域。虽然条件各有不同，但是印刷条件都比较困难，解放区的出版物，不仅纸的质量较差，甚至有一本书由几种杂色的纸印成的情况。

在国统区的印刷条件分布很不平衡，在大西南也只能用土纸印书。没有条件以铜版、锌版来印制封面，画家只好自己绘制或由刻字工人刻成木版后上机印刷。印制出来的封面具有原拓套色木刻的效果，形成一种朴素的原始美。相对而言，沦陷区的印刷条件较好，但自太平洋战争到日本投降前夕，由于物资缺乏，在上海、北京印书也大多使用土纸。

（二）中华人民共和国成立后的书籍装帧艺术发展

中华人民共和国成立以后，由于出版事业快速发展，印刷技术的提高，印刷工艺的进步，为书籍装帧艺术的发展开拓了广阔的前景。中国的书籍装帧摆脱单一的形式，呈现多种形式和风格并存的局面。

20 世纪 80 年代后，现代国际设计理念的涌入、现代科技的积极介入，使得中国的书籍装帧艺术更加趋向于个性鲜明、创意求新的国际设计水准。

西方先进的设计理念和设计形式进入中国，为我国的书籍装帧开辟新的道路提供了参考。在此期间，参考和模仿西方装帧设计的现象相当普遍，抄袭现象也时有发生。但随着设计领域的国际化进程，国际性的交流日趋频繁，近年来我国的装帧设计也逐渐走向自觉，开始了独立思考、创作、运作的新里程。

（三）书籍装帧艺术的多元化发展

20 世纪 80 年代以来，书籍装帧设计和其他设计界一样受到新媒体、新技术的挑战，从而发生了急剧的变化。信息技术把世界日益联系在一起，变成马歇尔·麦克卢汉所称的“地球村”。信息技术的发展，一方面刺激了国际主义设计的垄断性发展；另一方面也促进了世界各国及各民族设计文化的综合和融合。现代书籍形态设计追求对传统装帧设计观念的突破，提倡现代书籍形态的创造必须解决两个观念性的前提。首先，书籍形态的塑造并非书籍装帧设计者的专利，它是出版者、编辑、设计者、印刷装订者共同完成的系统工程。其次，书籍形态是包含造型和神态的二重构造。造型是书的物理构造，它以美观、方便、实用的意义构成书籍直观的静止之美。神态是书的理性构造，它以丰富易懂的信息，科学合理的构成，新颖的创意、有条理的层次、跌宕起伏的旋律，充分互补的图文等构成书籍活性化的流动之美。造型和神态的完美结合才能共同创造出形神兼备，具有生命力和保存价值的书籍。

（四）中国电子图书的发展历史

电子图书作为图书的一种崭新形式，是图书的进一步发展，和图书有着相似的特征。我国书籍经历上千年发展，具有不同形态，图书的概念也在不断完善着。人们普遍将古代书籍的各种著述，用典籍来囊括，对近代发展时期的书籍一般用图书来表述。图书有着广义和狭义之分，广义上图书可以是文献，而在狭义上，我国对图书的定义早已达成共识：图书是指由出版社出版的印刷品，有特定的书名、著者、国际标准书号，以纸张为载体，具有完整装帧形式的，大于等于 49 页的非连续性出版物，包括善本书、汇编书、丛书、多卷书、小册子等，但不含线装古籍、连续出版物和各种非书资料。

电子图书出现的时间较短，目前尚未有统一的定义，正如图书是正式发行的印刷品、大于或等于 49 页的非连续性出版物，本书结合国内外学者的观点以及图书的特征，认为电子图书是以数字化形式存在的，拥有版权并正式出版、发行，经过法律允许，以销售和服务为手段，最终实现阅读的一种非连续性出版物的文献。

1. 电子图书的类型

目前，可以从内容和载体形式上对电子图书进行划分，有以下类型。

（1）在内容上，电子图书可以分为纯粹的电子图书、纸本图书的电子化形式、增强型电子图书。纯粹的电子图书从产生到出版都是电子化形式，也有的学者将其称为天生的电子图书；纸本图书的电子化形式在纸本图书出版后或是在排版时就转换成电子图书，同时具有纸本图书和电子图书两种形式，如图书馆馆藏图书扫描成电子版；增强型电子图书通过多重感官传达，有依靠视觉的 AR（增强现实）技术，也有依靠听觉的听书软件，如喜马拉雅 App、蜻蜓 FM 等。

（2）在载体形式上，电子图书又可分为封装型、网络型、数字阅读终端型三种类型。封装型指硬盘、光盘形式等；网络型为依托计算机、基于互联网的一种虚拟形式；数字阅读终端为各式电子书阅读器，以及手机、iPad 等移动终端设备。

2. 电子图书的产生

电子图书的构想最早出现于 1940 年出版的一部科幻小说中，书中幻想未来可以利用某种特制的电子设备阅读图书。1971 年，由美国计算机科学家迈克尔·贝（Michael Hart）将《美国独立宣言》录入计算机，并公布于网络供人们免费阅读和下载，世界上第一本电子图书由此产生，同时也开启了古登堡计划的第一步。古登堡计划是以电子化的形式，向公众免费提供版权过期书籍的一项协作计划，其所有工作均由志愿者完成，且不声明版权，是世界上最早的数字图书馆建设项目。电子图书的出现是图书史上的一次革命，其产生顺应了时代的需要，虽然中国电子图书的起步较晚，但随着汉字逐渐能被计算机处理，并在计算机技术的快速发展下逐渐壮大。

（1）我国第一部电子图书。20 世纪 80 年代末，得益于汉字激光照排技术、计算机技术的发展，印刷技术的革命为电子图书的产生提供了基本条件，我国电子出版形式开始酝酿。我国电子图书真正起步开始于 90 年代初，伴随着我国出版行业电子出版的变革而产生。

（2）电子图书的新面貌。为推动我国网络电子图书出版事业，1999 年 10 月由人民出版社发起组建“人民时空”网站，正式出版了我国第一部网络电子版图书《中国经济发展五十年大事记》，并成功通过互联网实现销售，首创了国内具有正式版权的网络电子图书。

随着互联网技术进一步发展，计算机、智能手机的普及率越来越高，网络电子图书内容愈加丰富多彩。网络电子图书出现后，我国电子书阅读器才开始出现，而国外厂商已经早一步开始生产电子图书阅读器。随着数字图书馆浪潮的席卷，相继出现了许多数据库商，各自具有独具特色的技术支持、海量的资源内容以及多样的服务方式，其中以超星、方正 Apabi 书生之家数字图书馆为代表，形成了数字图书馆行业实力雄厚的数据库商，逐渐垄断了各大图书馆的中文电子图书市场。几家数据库商不断改进电子图书技术、积极解决版权问题，不断调整电子图书服务，既丰富了图书馆的馆藏，也提高了其服务能力，经过图书馆的应用和推广，扩大了读者使用范围，共同推动了我国数字图书馆建设，同时加快了中国电子图书的发展进程。

（3）电子书不同于传统纸质书籍的特点。信息时代下互联网的普及促进了电子书的诞生，这是以传统纸质书籍为主的阅读形式的一次变革，电子书有很多不同于纸质书籍的独特性。我国的电子书产业正在技术创新和政策鼓励的社会环境下蓬勃发展，虽然电子书已经成为人们生活中再熟悉不过的词语，但对电子书著作权的法律保护却有所欠缺。了解电子书不同于纸质书的特点，是研究电子书著作权法律保护问题的关键和核心，本书将围绕以下方面对电子书的独特性进行阐释。

第一，电子书的无形性。电子书的本质是“数字化”，即建立起与文字信息相对应的数字化模型，把这些特定的数字、数据转变为计算机可以读取的二进制符号，简而言之电子书的内容以二进制模拟信号的方式存在，其存在形式不同于纸质书籍，具有无形性。电子书的数字化方式可分为直接数字化和间接数字化两种，分别对应着电子书 2.0 和电子书 1.0。直接数字化而成的电子书 2.0 意味着作品首次发表就是通过网络方式，作品产生之时就是数字信息，目前网络原创文学作品多为直接数字化而成的电子书 2.0。电子书 1.0 对应着间接数字化，作者首次发表的是纸质书籍，后来才被数字化形成与原书籍内容版式相同的电子书。由于电子书的存在形式具有无形性，所以销售电子书的卖家销售的实际只是无形的二进制信息，而不是实体的存储介质或终端设备。

第二，电子书和承载其内容的存储介质可相互分离。存储介质是存储二进制数据的载体，随着科学技术的发展，承载二进制数字信号的存储介质呈现越来越多样化的趋势。存储介质是数据存储的基础，相当于记录文字的纸张。但这些存储介质纸张有不能比拟的优势，诸如容量大、便于携带、价格低廉，耐用性高、节能环保等。电子书所呈现的二进制信息被保存在存储介质中，与纸质书籍不同的是，电子书的内容可以发生脱离原载体的效果，并形成复制件依附于新载体。例如，人们把保存在优盘里的电子书二进制符号复制到电脑硬盘或上传到网络服务器的时候，电子书的复制件会和优盘分离，优盘并不会跟随电子书的传播而传播，新形成的复制件依附于新的存储介质。这和传统纸质书籍不同，传统书籍里的文字和纸张是不可分离的结合体，破坏书籍信息则需要损坏书本。

基于存储介质和电子书内容相互分离的关系，电子书的传递复制不以有形载体的复制为必要，即电子书的复制不受有形载体的限制，具有纸质书籍不具有的无损复制性。

第三，电子书的网络传播性。与传统纸质作品复制、发行方式不同的是，电子书有它自己的传播方式。传统纸质作品的复制、发行需要四个环节：作者出书，出版社投资，书店售卖，读者读书，而电子书领域则削弱了出版社和实体书店的中介作用，不再需要出版社的编辑制作、复制件的印刷，也不需要配送和物流，电子书即可实现交互式网络传播。从传统的著作权侵权方式来看，侵权人需要大费周章地为侵权行为做很多准备活动，譬如联系出版机构、发展销售平台、启动印刷复制程序等，这就决定了著作权侵权行为人以营利为目的的普遍性，而电子书侵权行为所需的成本和技术要求则逐渐降低，侵权人往往并非以营利为目的。同时基于电子书的网络传播途径，电子书作品具有发布便捷、传播快的特点，即被侵权的电子书可在短时间内没有时间、空间限制地大范围扩散，所以电子书著作权侵权后果的严重性远远超过了传统纸质书籍。又由于网络环境具有隐蔽性，权利人不仅难以确定侵权主体，举证过程也非常艰辛。

通过以上分析得出，相较于传统纸质书籍，电子书具有无形性、易复制性、网络传播性等特点。作为一种新兴阅读物，电子书的著作权法律保护必然与传统纸质书籍具有不同之处，以网络传播为主要普及方式的电子书对传统的著作权法提出了新的挑战。

（4）电子图书给出版模式带来的变化。在数字阅读热潮中，读者对电子图书的需求愈加强烈，而电子图书资源尚未得到充分开发，读者需求和资源之间的矛盾日益凸显。图书馆对电子图书资源采购逐年增加，呈现“电”升“纸”降的趋势，这一转变，直接影响了电子图书的供应商和经销商，于是传统出版社、馆配商迫于形势纷纷谋求转型。随后北京人天书店正式面向全国推出“畅想之星”馆配电子书，“畅想之星”的问世，使得我国电子图书进入了新阶段，意味着出版社和馆配商正式进入这个领域，对于图书馆文献资源建设与数字化转型具有重要意义。馆配电子书在内容和阅读体验方面更加精进，在知识产权的解决方面更完善，与此同时，成熟的电商平台来势汹汹，馆配市场已经成为必争之地。伴随着互联网、科技的进一步发展，在电子图书行业的转型下推动了电子图书发生改变，其内容、功能等愈加完善，在新技术的加持下，电子图书焕然一新。

激光照排技术使计算机输入汉字的问题得以解决，促使我国出版社步入电子出版，成为出版史上的一次革命，早期的电子图书作为电子出版的产物，其产生受到举世瞩目。然而此后，传统出版社并未在此领域深耕，反而是超星、方正等技术提供商抢占了电子图书整合的制高点，而掌阅、盛大文学等又占领了原创网络出版资源。作为出版物源头的传统出版社在电子图书领域已落后许久，电子图书对传统出版社而言是一项前所未有的挑战。近年来，在数据库商、电子书平台的推动下，传统出版机构逐渐意识到电子图书的重要性并开始寻求突破口，数字技术在出版业的应用促进了电子图书的发展，出版业正在迎来新机遇、新变化。

出版社作为电子图书产生的源头，出版模式的变化往往带来电子图书生产方式的变化。在互联网的发展下，数字阅读规模逐年扩大，知识文化的消费加速到来日渐成为社会经济发展的新增长点。在新媒体的压力下，提供知识深度阅读的传统出版行业迎来发展机遇的同时也受到极大冲击和挑战。近年来，出版模式由传统的纸本图书出版模式逐渐产生新的出版模式，谋求转型战胜挑战是每个出版机构的必经之路。目前常见的出版模式主要有三种，分别是数字出版、按需出版和全媒体出版。

第一，数字出版。若纸本图书代表了传统印刷出版文化，那么当前的电子图书则代表了数字出版文化，电子图书是我国出版社开展数字出版的主要形态。数字出版由网络出版发展而来，而网络出版又在电子出版的基础上发展而来，随着网络技术的进步而产生，电子出版、网络出版、数字出版有着时间先后关系。此外，数字出版是利用数字技术进行内容编辑加工，并通过网络传播数字产品内容的一种新型出版方式，以内容生产数字化、管理过程数字化、产品形态数字化和传播渠道网络化为主要特征。数字出版的一大特点是简化出版流程，从传统的单项变为双向、多向互动，带来了新的出版理念。同时数字出版也带来了全新的技术挑战，比起纸本图书，电子图书需要适应不同尺寸的屏幕进行自动排版，制作电子图书的过程比纸本图书复杂许多。我国数字出版的主体包括技术提供商、平台运营商、移动阅读出版企业，以及传统出版社。在国内，数字出版最早从北大方正、清华同方等技术提供商兴起，逐渐推动国内出版社开始数字出版实践并大力推进电子图书的出版发行。

第二，按需出版。数字出版是出版方式的转折，自出版是出版方式的创新，按需印刷则打破了传统出版模式。在 20 世纪 90 年代欧美就已经开始使用按需印刷的方式，而我国起步较晚，虽然未大规模流行，但俨然成为一种顺应环保的趋势。目前公认的按需出版是指利用数码印刷技术的优势，按照不同时间、地点、数量、内容的需求，通过数字化以及超高速的数字印刷技术为用户提供快速、按需和高度个性化信息服务的新型出版方式。我国按需出版最早由知识产权出版社于 2004 年开始试行，之后商务印书馆、中国出版集团、浙江出版联合集团等传统出版社陆续开始实践。按需出版较传统出版而言更具优势，节省了印刷成本、避免了资源浪费，图书先以数字化形式存在，只有在用户需要的情况下才会转化成纸质形式。按需出版不仅是走出数字阅读时代传统出版业面临的困境的尝试，还给出版业带来数字化变革，更赋予出版业全新的运作方式。

第三，全媒体出版。互联网带来全媒体时代，和其他出版模式不同，全媒体出版是跨媒体，跨行业，甚至是跨国界的一种出版形式，更突出“全”的特点。全媒体出版强调多种渠道的同步出版，即纸本图书以传统方式进行出版，而纸本图书的电子版则通过互联网，在手机等多种终端设备上同步出版。

数字出版、按需出版、全媒体出版等多种出版模式都为传统出版社带来发展机遇，促进出版社的转变，为电子图书的发展奠定基础。随着用户对电子图书的需求增大，电子图书行业一片红火，引起出版社开始思考转型问题。

（五）概念书籍设计的创新发展

概念书籍的设计是对人们常见的书籍形态进行大胆的、新颖的创造，创造出既具有一般书籍的本质，又拥有与众不同特质的书籍。概念书籍设计的目的就是将艺术和本体语言结合起来，既能让人感受到视觉享受，也可以让读者拥有美好的视觉体验。它最重要的目的不是传播知识，而是寻求一种崭新的阅读体验的方式，让读者收获阅读的乐趣。设计者把收集的内容和思想经过一系列的设计和加工后传递到读者手中，使读者拥有更好的阅读体验。

1. 概念书籍设计观念

（1）形意融合，传达观念。“形式”和“意义”是概念书籍设计中的两种观点。概念书籍设计的形式是可以发生变化的，但书籍装订设计的内涵没有变化。只有结合书本身的味道，概念书籍才有艺术性，才有生命力，这往往是一个超越现实的概念，所以设计应既有趣又有哲学，或者具有超越现实的想象。无论其形式如何，概念书籍设计必须与意义的概念相结合，这种概念书籍的概念和指导性质将是启发性的。

（2）“求新求异”，倡导探索。从表层意义上看，概念书籍设计“寻求新意，寻求差异”的概念前卫但并不关心实际应用。事实上，它的目的是摆脱现实生活中各种各样的约束，深刻探索自己的设计理念和内心思想，并运用丰富的想象力来创造和超越，这是一个指导未来的设计，也是一种充满创新魅力的思维。这种设计对设计师的设计理念和创造性思维具有重要意义。高校艺术设计教育必须注重概念书籍的设计，倡导探索。

（3）观念为先，重于形式。设计是人类改变自己和世界的创造性活动，设计也是一种社会和文化活动，包括设计概念形式。对于概念书籍设计，设计方向是“概念优先，更注重形式”，在有限的形式、材料、设计、布局，图形和其他物化形式条件下，通过设计师的概念，书籍表现出强烈的艺术和概念性。

2. 概念书籍设计原则

（1）科学态度的原则。概念书籍设计不是为了新颖的风格而设计的，也不是为了造成轰动效应而设计的。它应该被表达为一种艺术作品，可以增强对书籍内容的理解。概念书籍对设计采取反思态度，精于设计形式。材料和技术的使用、探索必须能够达到科学的要求。

（2）原创性设计的原则。创意产业的核心竞争力在于原创性。基于概念书籍的概念，它应该遵循独特的规律，具有独特见解的概念书籍设计具有无限的生命力和竞争力，讨论的方向更加以研究为导向。要善于发现和勇于进行原创设计，引领创意设计和创新思维，并扩展新的设计方案，以区分类设计和新的创意。同时，我们必须有成熟的概念设计思路和手段来实现真正的原创设计。

（3）未来设计原则。未来设计原则也是“前瞻性”的设计原则。我们说设计理念决定了设计的深度、意图，而“前瞻性设计”是在未来的方向上创造的。独特的概念书籍设计可以激发读者深入分析书籍的内涵，并将读者引入丰富的思维层面。这些形式、材料和表现手法可以在未来使用，同时可以探索塑造未来书籍和未来设计应用的方向，这也是概念书的现实设计意义。

3. 概念书籍设计的创新

（1）概念书籍——设计回归内容。对于概念书籍设计而言，整个过程就是实现书籍内涵的视觉化，同时也是设计师将各自的思想展现在读者眼前的过程，并且整个展现过程更具有概念化、明确化与形式化的特点。这种设计属于视觉艺术，实现了书籍艺术形态能够真正表达思想的创造性课程的转变。在这个环节，需要设计者通过理性思维处理各种感性材料，从本质上抓住书籍特征，更关键的一点是需要在书籍文本中真正把握其中的思想内涵。因此，书籍设计的本质就是内容设计，而对其外部形态进行设计，则是使内容进一步扩展，能够更有效地展现书籍，促进内涵的传递。另外，要展现出内容的内涵，若仅仅是凭借书籍的外观激发读者兴趣，那么书籍的设计就会变得十分空虚。

进行书籍设计的目的是为了向读者传递书的内容，书籍形式是在其内容的基础上展现的，主要作用是表达内容，来源于内容。换言之，在抓住书籍内涵本质的情况下，才可准确定位书籍形态，从而真正地进行内容设计。若要达到良好的书籍设计效果，第一任务就是要掌握书籍内容，充分感知书籍的内涵与精神，结合其内容进行定位。另外，要把握作者的性格与风格，从而使人对书籍形成综合性的体验。最终，对于书籍的受众要深入调研，着重分析其文化与经济层次，根据调研结果对其中的不足与缺陷进行改善，基于此制定具有可操作性的设计方案，通过美的形式将书籍内容全面融入其形式中。

所谓设计回归内容，并非在设计过程中仅重视内容，而是要重视内容的表现形式，在设计过程中综合所有内容方面的主题元素，不仅使书籍整体形成美感，并且能促进受众真正感知书籍的内涵，以优美的外在形态吸引读者，从而使其在精神层面形成感悟与启迪。

因此，在设计书籍的过程中，也需要关注形式设计，形式与内容就如同酒杯与美酒，书籍的内容与形式的综合效果能够决定书籍的品质。对于概念书籍而言，其对应的形式与内容相互协调，不可分离，是相同物体的不同角度。设计过程中一定要深入系统地了解这两个层面，并且使其理性化，从而真正传达思想，以此进行成功的设计。

（2）概念书籍——设计的人性化。概念书籍的特殊设计，能够娱悦人的身心，其设计围绕人展开。概念书籍的设计理念呈现在多个角度，既在初期的设计方案中体现，又在制作过程中体现，对于材料、形态以及排版的设计与选择都始终将人作为焦点。在无形之中，初级形态对受众的情感产生直接影响，即便内容相同，个性化的形态同样能够使受众对其中的内容产生不同的认知。

受众在选择书籍时，都会非常关注书籍形态能否引起自己的兴趣，而人的思想在阅读时，也会在书籍形态变化的过程中形成情感的波动，进而影响对书籍内容的认知，从而使受众获得全面的优良体验，并且能够更加具体、形象、鲜活地向受众传达书籍的外观及内涵，争取使读者在阅读时能够更加轻松愉快。在针对书籍形态进行设计时，结合感受，既要使书籍形态更加独特愉悦，还要着重提升其翻阅表现力，进而形成极具感染力的阅读书籍，从而使书籍具有愉悦、可读、可视与便利的特点，激发受众的阅读兴趣，使阅读更富有趣味。

概念书籍最突出的特点就是其趣味性。古语中“学海无涯苦作舟”影响了一代又一代人，基于传统思想，学习与读书是需要有坚强毅力的。蒲松龄曰：“性痴则其志凝，故书痴者文必工，艺痴者技必良，世之落拓而无成者，皆自谓不痴者也。”其含义用现代汉语表示为“若某人看似痴呆，则他的意志就会更加坚定，因此部分书呆子的文章就会更有文采。看似普通的手艺人，也会掌握更加精湛的技艺。而大多数一事无成的群体，没有人会觉得自己又痴又呆”。在古语中添加的“痴”与“苦”字，能够表现出读书的感觉，但基于现代书籍而言，这两个古语中的字也形象地反映出纸质书籍的用途。对于纸质书籍而言，其主要功能是充当信息载体，并且其中的图书毫无新意，因此导致了严重的“性痴”与“书痴”问题，但概念书籍最突出的趣味性特点正在潜移默化地影响着无数受众，读者在了解知识的过程中也变得更加愉悦，并且能够进行互动，因此使读书人不再成为书呆子。

概念设计的主要路线即为“读者”，在设计之前必须要深入调研，将受众群体作为调研对象，并且要了解这部分人的文化水平与社会地位，包括相关的群体特征。每一个人的生活背景都千差万别，而这又会影响着他们对同一事物所形成的差异化认知，因此在进行书籍设计之前，设计者就要先深入研究受众群体，并根据调研结果设计书籍外观，争取在表现书籍内涵的过程中能够融入读者的阅读感受。

在设计这种书籍时，必须要遵循促进受众参与的原则，使受众在阅读书籍时能够形成参与意识，从被动的接受者转变为信息的传递与参与者。对于概念书籍的读者而言，是其中内容的最终受众，不仅接受丰富的信息与内容，并且也在不断传承与传递，因此在设计过程中既要进行人性化的形态设计与内容，也要在保存、运输与携带方面更具有人性化特点。对于其造型、尺寸与材质也应当尽可能符合便于运输与存放的需求，从而为读者与出版社提供便利。从其表现形式来看，概念书籍设计及设计者突破以往的设计，全面表现个性。整个设计过程更加重视设计者的主动性与创新性。设计者在凭借设计语言与受众进行沟通的所有环节中发挥了极为关键的作用，设计者的思路在一定程度上决定了概念书籍以后的发展。

然而因为传统设计理念长期的影响与限制，设计者无法充分发挥自身的创新理念，探索先进的设计方法。概念书籍设计使设计者获得了展示自我的平台，能充分利用自身优势，在图书设计过程中展现自身的创意。只有在设计者突破固有思维模式的情况下，才能从本质上改变数据形式，对于设计者的思维艺术而言，也是颠覆式的变革。

（3）概念书籍——书籍形态创新。另外，在读者的思想中，书籍的形态仅表现在平面艺术中，但对于概念书籍的设计艺术而言，更具有空间感的设计方法能够使其形态更加丰富，并且开拓了书籍的领域，让读者产生“书籍设计是一种具有空间立体感的艺术”的观念与认识。与传统书籍相比，概念书籍的吸引力十分强大，有丰富多彩的形态，创新的思维，也正因如此，概念书籍能够在设计与市场中立于不败之地。由于概念书籍突破了传统书籍的限制与局限性，所以关注概念书籍的设计者与学者才能日益增多。

“概念”这一术语原本是指思维形式，而对于概念书籍而言，其本质应该是书籍设计的形式。然而概念书籍需要具备全新的理念、思维与思路，因此在设计过程中必须要基于书籍整体进行设计。在《现代汉语词典》中这样阐述新形式的概念：新产生根据经验产生全新事物形态结构的展现形式。因此此类书籍可以理解为在书籍内容设计过程中融入全新的思路、思想与观念。概念书籍通过新颖的整体架构与表现形式，也可将其理解为一种独特的数据形式，努力使受众产生视、触、听、嗅、味等多种全新感受。

概念书籍设计旨在改变传统书籍的平面设计，进而产生书籍造型艺术，使纸质书籍转变为“雕塑书籍”。从本质上来看，概念书籍设计是传统书籍的扩展，不仅富有传统书籍设计的亮点，并且使书籍获得全新的形态。这赋予了书籍全新的生命力，使书籍通过更加有趣的形式展现在读者眼前。概念书籍设计突破了以往传统书籍的形式，就如同更先进的现代主义打破传统，这种书籍使人们对于书籍形态的理解发生巨大变化，并结合全新的理念按照书籍类型、受众群体类别、经济价值差异，打造极具个性的书籍，在人们心中留下难以忘却的印象，并使读者更受感动。现在，这种概念书籍形成一种“雕塑”的形态，在读者眼前所展现的并不是书籍，而是极具空间感与建筑艺术的思维，其中包含了大量的信息。

4. 概念书籍设计的发展

从我国书籍形态的演变过程中，就可以发现中华民族五千年来传统文化的发展轨迹，在源远流长的历史长河中就能发现书籍本源，这也是中国传统书籍区别于其他书籍而具有独特性的体现。

中国古代的书籍形式多样，种类繁多，并且每一种书籍都有其独特的优势。中国文化源远流长，博大精深，内容丰富，具有其深刻的历史意义。研究中国古籍，就是在研究中华民族的发展史。中国的书籍在不同的时期，各自呈现出不同的特点。中国文字从最古老的甲骨文，到以青铜为载体的铭文，再到用竹子做的简，再到用丝绸做的绢书，然后再到纸质书籍乃至现在的电子书籍。书籍载体的变迁和我国汉字的变迁都体现了我国科技的迅速进步和文化的不断发展，丰富多彩的书籍形式也丰富了中国传统文化的内容。

中国传统的书籍制造是为了使用，传递信息或者记载历史是它最大的价值。其实任何一种设计，它最根本的要求就是实用性。脱离实际的设计是没有价值的，无论它的设计多么美观，都是空中楼阁，根本没有实际意义。

我国的书籍形态由甲骨文到现代书籍的几个阶段的转变过程里，体现了人类文明的进步和劳动人民的智慧。随着时代的发展，传统书籍不断改进，书籍的艺术水平得到了极大的提高，现代技术的不断发展促进了不同元素的融合，促进了传统规则与创新融合。创新建立在创新变革和发展传统的基础上，两者密切相关，不可或缺。创新不是以传统为基础，而是与时代潮流和合理选择保持一致；创新不是离开传统，而是在原始事物的基础上，本质得以保留。

总而言之，在我们每一件事的实践中，机械继承不考虑创新，事物就很被动，而盲目追求创新而不考虑传统的继承，事物就会变得无法辨认，最终以失败告终。无论哪种艺术形式，我们都需要努力追逐。艺术生活的结晶和升华是一种深刻、广阔、无限的上层结构，其探索之路也是艰难的，无穷无尽的。一些概念书籍的设计者在以其难以理解的行为来宣传其艺术创作。为了在一夜之间成名，他们只能是耸人听闻，昙花一现，无法经受住时间的考验。因为他们只是追求个性，创新只是为了区别于别人，已经抛弃了书本最原本的功能——“方便阅读”。这种夸张的创新势必不被公众接受。

第三节　外国书籍设计的历史发展状况

一、外国的原始书籍形态

第一，泥版书。约公元前3000年，在两河流域，苏美尔人、古巴比伦人和亚述人将泥制作成泥板，用削尖的芦苇或木杆在上面刻上文字，然后放在火里烧制成书。这些泥板大小不一，但是一系列或一部书的泥板大小差不多。每块泥板上均刻有书名和编号，将泥板按顺序排开，便是一部完整的书籍。但是这种材质的书十分笨重，又不便于携带，因此后来被羊皮书取代。

第二，蜡版书。蜡版书是古罗马人发明的，一直沿用到19世纪初。它是用木材、象牙或金属等做成小板，在板的中心挖出一个长方形的小槽，在槽内放入黄色或黑色的蜡，再在板的内侧上下两角凿孔，然后用绳将多块板串联起来，最前和最后的两块板不涂蜡，用来保护内页。蜡板可以反复使用，将蜡板稍微融化，再刻上文字即可。但是由于书写的字迹受摩擦会变得模糊，且不便于保存和收藏，最终被手抄书替代。

第三，纸草书。纸草是公元前25世纪古埃及人的主要书写材料。它的装帧形式和中国古代的卷轴装类似。纸草是生长在尼罗河畔的一种芦苇，经过切片、叠放、捶打、打磨等工艺制作成纸。但是由于这种纸质地脆、不能折叠，因此只能粘成几米或更长的长卷，卷在一根雕花的木棒之上，同中国古代卷轴装里的“轴”一样。每个纸草卷都贴有标签，以备随时查阅。阅读时，需一手执棒，一手展卷，手一松，纸草卷便会自动卷起来。纸草卷的携带和保存十分不便，且价格昂贵。

第四，羊皮书。羊皮虽然制作工艺复杂，但质地轻而薄，坚固耐用，并且容易裁切和装订，因此传入欧洲后，受到人们的推崇，被广泛推广，这也使得欧洲书籍的形式逐渐从卷书变成册书。当时的人们将一大张羊皮折叠成一本书的形状，或者裁切成4开、8开、16开等小张，再装订成册。这样发展，便出现了最早的散页合订书籍。还可以将羊皮书涂染成不同的颜色，常见的有紫色和黄色，书写的墨水有金黄色和银色。普通羊皮书的装帧主要是在外面包皮，里面贴布或用厚纸板做封面；华丽的则以绢、锦、天鹅绒或软皮做封面，并镶嵌宝石、象牙等。羊皮书的优点有很多，如材料普通易寻、存放携带方便、可长时间保存。

二、外国现代书籍的设计艺术

13 世纪以后，中国的造纸术传入欧洲，后来，中国的印刷术传入欧洲，德国古登堡经过改进发明了铅字印刷术，实现了手抄本向印刷本的过渡，它包括字、油墨、纸张和印刷机。印制出的书籍在字体和正文版式设计方面和手抄本相同，但版式较手抄本更整齐准确。随后，铅字印刷术席卷欧洲，提高了书籍制造的速度和质量。16 世纪以后，欧洲的书籍明显分为实用书籍和王室特装书籍。实用书籍简单实用，开本不大，没有过多的装饰，既降低了书价，又使得书籍日趋平民化，促进了文化的传播；王室特装书籍则富贵华丽，做工十分讲究，用以衬托贵族气质。

19 世纪末 20 世纪初，随着经济技术的发展，一场工艺美术运动在西方的艺术领域兴起。这场运动涉及艺术的多个领域，书籍装帧设计也不例外。这也标志着西方书籍装帧进入现代装帧设计阶段。在现代美术运动中，书籍装帧设计被提高到很高的地位，其中以英国的威廉·莫里斯最为突出。他反对书籍产业的工业化和机械化，强调艺术性的重要性，以提高书籍质量为原则，提倡书籍装帧设计的美感创造。他设计的书籍具有很高的艺术性，风格虽然华丽，却不缺乏自然美感。

在德国，书籍艺术的革新以 1876 年慕尼黑文艺复兴运动为起点，其中比较重要的是青年风格。1901 年，画家和图案设计家奥托·艾克曼设计出一种新的印刷字体，设计家彼得·贝伦斯根据莫里斯的建议设计出了一种新颖的字体，这两种字体为当时杂乱无章的书籍版面找到了新的发展方向，扩展了书籍的插画和封面设计空间。青年风格精练地概括了历史上各种风格的艺术形式，具有重要意义。

意大利未来派书籍装帧设计的最大特点是讲究书籍语言的速度感、运动感和冲击力。在版面设计中，文字、图形富有动感，呈现出不定式、无组织的布局，是对传统线性阅读发起的挑战。达达派则采用拼贴、蒙太奇等手法，表现出一种怪诞、混乱、抽象的书籍版面，在当时引起了人们的关注。

俄罗斯的构成主义在版面设计和印刷平面设计两个领域都具有革命性的意义。构成主义是一种理性、逻辑性的艺术，它的版面编排以简单的几何图形和纵横结构为基础装饰，色彩较单纯，文字采用无装饰线体，具有简单、明确的特征。构成主义设计的书籍，简洁、大方又不缺乏艺术气息。

信息时代的发展，计算机技术进入设计、印刷领域，取代了传统的手工操作，在节省人力的同时，也使书籍装帧设计艺术受到新媒介、新技术的挑战。书籍装帧设计发生了巨变，在形式、功能、材料上更加趋于多元化，集图像、音响于一体的视频图书、以光盘为载体的电子图书的出现使传统书籍受到严峻挑战。随着这些技术的日益成熟，人性的表现与关怀成为现代各国书籍装帧设计艺术发展的共同趋势。作品的风格及其特有的格调、气度和文采受不同国家民族经济基础、文化传统、心理结构、观念等多种因素的制约，呈现出丰富多彩、琳琅满目、异彩纷呈的多元化格局。

第四节　现代书籍设计的功能与艺术价值

一、现代书籍设计的功能

（一）现代书籍设计的功能和目的

现代书籍设计有如下的功能和目的。

第一，增强可读性。设计师会通过调整字体、行距、段落分隔、页码等元素来增强书籍的可读性，使读者更轻松、更愉悦地阅读。

第二，营造适合内容的视觉氛围。设计师会通过选择图像、颜色、排版、装帧等方法，营造适合书籍内容的视觉氛围，加强书籍的情感表达。

第三，强化品牌形象。设计师在书籍的外观设计中，会采用符合品牌形象的色彩、标志和字体等，以达到品牌传播的目的。

第四，提高品质感。设计师会通过精美的排版、印刷、装帧和材料等来提高书籍品质感，以吸引读者购买和收藏。

第五，方便传播和宣传。设计师会通过设计图案和标志等来方便书籍的传播和宣传，让读者很容易地记得书籍的名称和作者。

总而言之，现代书籍设计不仅仅是简单的排版和装帧，而是需要将读者需求、书籍内容、文化元素和品牌形象等综合考虑，以达到提高品质、增加阅读体验和传达信息等多重目的。

（二）现代书籍设计的具体功能

现代书籍设计的功能分为两个方面：一是实用功能，二是审美功能。实用功能是书籍的基本功能，而审美功能涉及的是书籍的艺术表现力。书籍设计具有承载书稿内容的功能、引导的功能、促进购买的功能、对书籍的保护与识别功能等。书籍设计是营造书籍外在造型的构想和传递内涵信息的理性思考的学问，是设计师对书的内容准确地领悟和理解后，进行的周密的构思、精心的策划和印刷工艺的运筹等过程。书籍设计不仅仅是一种设计，它应从书中挖掘传播的信息，运用理性化的设计规则，来表达出全书的主题。通过书籍的形态、严谨的有韵律感的文字排列、准确直观的图像选择、有规则有层次的版面构成、有动感的视觉旋律、完美和谐的色彩搭配、合理的纸材应用和准确的印刷工艺，寻找与书籍内涵相关的文化元素，从视觉表达上展现书的内容，启示读者，达到书籍设计与阅读功能的完美结合。

书籍设计是将文本的语境通过视觉手段充分传达给受众，这是设计最根本的目的。书是用来阅读的，这是它的最终功能。阅读以视觉过程为基础，易读性则是其重要的先决条件。作为书籍设计者，其任务是将内容和不同层级的文本进行结构化设计，并将其与各种设计元素协调组合，以实现易读的目标。

此外，评判一本最美的书的标准主要包括三个方面：第一，设计和文本内容的完美结合。第二，要有创造性。第三，它是给人阅读享受的，在印刷和制作方面一定有它最精致、独到的地方。当然我们的作品还要能够体现自身民族的文化价值、审美价值。书籍设计要让读者读起来有趣、有益。因此，书籍形态设计的目的不仅是要在视觉上吸引读者，更要传达该书的基本精神，向读者宣传书籍的内容，通过艺术的形式帮助读者理解书籍的内容，增加读者的阅读兴趣。

在进行书籍形态设计时，要把握可视性和可读性的特征，让读者能快速地认识该书，也能方便阅读和检索。我们要用感性和理性的思维方式设计读者不得不为之动心的书籍形态。从生产的概念来看，书籍是一种商品。书籍设计的艺术性从属于书籍的功能性，它不是艺术家肆意宣泄的艺术品。书籍装帧是为书籍内容服务、为读者服务的。因此书籍设计承担着一定的社会责任。我们需要将设计元素与设计构思不断试验、组合，寻找具有说服力的材质，并尝试革新的印刷技术和工艺。

书籍的文字从刻写到抄写，从毕昇的胶泥活字印刷术到古登堡的现代印刷术再到今天的电子书，它经历了因文本传播技术的改变所导致的载体演变；读者群也从手抄时代的少数人群，繁衍普及到活字及现代印刷术时代的大众群体，进而衍变到电子媒体时代的分众，这是书籍发展的历史进程。

二、现代书籍设计的艺术价值

书籍设计不仅要有功能性，还要有审美性。自我们视美感与功能同等重要的那一刻起，仅仅从功能上发展美就是远远不够的。事实上美本身也是一种功能，美是由一个物品与生俱来的各个组成部分的和谐统一构成的，任何添加、消减或更改都会减弱其美感。因此，长久看来，狭义的纯粹实用性将不能满足人们的需求。美的观念经历着不断的变化，使美更加难以达到，但是人们依然在渴求书籍之美。

书籍设计要包含表现空间的造型语言、表达时间的节奏语言、体验时间的拟态语言，既呈现感性物质的书籍姿态，又融会内在理性表情的信息传达。书境是设计者对文本生命价值的拓展，实现原著内涵语境衍生的最高追求，是为读者创造真、善、美与景、情、形三位一体的阅读书境。

从美的角度去看待书籍。读书是一种乐趣，读一本好书是一种享受，而我们相信读一本拥有好的设计的书，会让阅读的幸福感加倍。

书籍是一个带有情感的事物，不仅仅是文字的传达，而且可以赋予美感。书籍设计并不只是装帧上的工艺，更重要的是从内到外，从内容的情感表达到设计的视觉表现的全方位体现。设计，能为书籍带来视觉上的美好体验，也能在无意中引导读者阅读、进入书籍的情感世界，为阅读提供方便。

书籍，不仅仅是容纳文字、承载信息的工具，更是一件极具吸引力的物品，它是我们每个人生命的一部分。每每翻阅书籍，总会感到无比的惬意，这是因为我们会用心去感受它内容的力量，欣赏它设计的美感，有时就连翻书页的过程也觉得是一种享受。书籍是有内涵的，它的内涵超越了文字本身，它展现给人们的不仅仅是一篇篇文章。书籍的形态会散发一种气质，能加深人们对阅读的热爱，净化心灵，带来愉悦的享受。书籍是一种艺术品，是能够把文化意图传达给读者的载体，内容固然是一本书的灵魂，而当内容与形式完美结合时，它们便具有收藏的价值，使书籍的艺术品质得到体现。

书籍装帧属于艺术的范畴，其性质决定了书籍封面的文化性和艺术性。虽然书籍作为精神商品也卷入了一场经济的旋涡，利用封面做广告招徕征订，增加了书籍的销售数量，但封面绝不等同于一般商品的包装那样随着商品的使用价值的启动而完成和废弃。市场经济中，书籍装帧艺术已经从以前简单的封面设计过渡到现在的封面、环衬、扉页、序言、目录、正文等书籍整体设计，从二元化的平面思维发展到三维立体的构造学的设计思路。任何一本精美的书都有共性、整体性。一个物体的视觉概念，是从多个角度进行观察后的总印象。整体美这一要素贯穿于各局部之间，游离于表里之外，显现于人们的主体视觉经验中。

中国的书籍艺术有着悠久灿烂的历史，她为我们留下了宝贵的文化遗产，这是维系书籍生命力的基础。电子书籍给传统出版业带来了冲击，恰恰也给创造无穷艺术魅力的书籍载体带来了机遇。中国改革开放 40 多年以来给书籍设计艺术带来的最大动力就是永不满足的探索精神，让中国书籍艺术的参与者释放出无穷的设计能量，并以开放的心态做好传承与创新、兼顾艺术与市场，从而促进了中国书籍设计艺术整体水平的发展。

第二章　书籍装帧艺术的构成要素

第一节　书籍形态的构成要素

一、书籍外部形态的构成要素

（一）函套设计

函套，是书籍的外壳，而其作用却不止于此。从古至今，函套的发展历程既是印刷文化发展的缩影，也是书法、绘画等艺术门类的重要载体。在这里，我们将对函套的历史、制作工艺、种类、装饰等多个方面进行探讨。

函套的历史可以追溯到古籍时代。当时纸张与墨水价格昂贵，除了经典著作外，大量的通俗读物并不是印刷出版，而是手抄并用函套收藏。这种收藏方式可保护书籍不受风吹日晒，同时便于携带。这种收藏方式后来逐渐演化为印刷出版时期的函套。

1. 函套的制作工艺

制作函套需要选配优质纸张，并进行折叠、粘贴、裁剪等操作。其难度不亚于书籍的排版印刷，因此很长时间内函套制作一直是很多书店、印刷厂、出版社的一项重要业务。尤其在古籍复兴、文物保护中，函套制作扮演着重要角色。

2. 函套设计的种类

函套的种类繁多，根据不同的用途、需求和审美趣味，可以分为多个类别。

（1）核心函套：用来保护书籍的最基本的函套，一般选用较为实用的经典设计。

（2）藏书函套：这类函套一般精美华贵，选材上也极为考究，如定做黄金函套。

（3）艺术函套：这类函套需要注重设计，注重艺术与人文。在设计上，可以融入书法、绘画、镶嵌等多种技艺。

3. 函套设计的装饰

函套设计的美感依赖于其装饰效果。传统上，函套的装饰主要包括字帖、封面图案等元素。而现代函套的设计注重多种元素，如线条、色彩、加工等，以达到装饰美感的目的。

（二）护封设计

护封也叫“封套”“护书纸”等，是包裹在封面、封底的一张长扁形的印刷品。护封的组成部分从右至左为前勒口、封面、书脊、封底、后勒口。护封不仅能使书籍免受一定程度的磨损，更能增强书籍的艺术感。护封常用于精装书的设计中，一般采用质量较高的、耐磨的纸张。

从“护封”这个名词本身的含义来看，它的任务一是保护封面，二是帮助推销。它是读者的第一个介绍人，可以向读者介绍书籍的主要内容及精神内涵，并鼓励读者去购买这本书。护封在商业竞争中起到了促销的作用，在设计中，要强调护封与书籍本身的内容在精神本质与艺术形式上达到协调统一。

护封在整体上是一张长方形的印刷品。它的高度和书籍相等，长度要包裹住封面的前封、书脊和后封，且在两边要长出 5～10cm。长出的部分向里折，形成折页，又叫勒口。护封在文字上的使用是很灵活的，在护封的书脊上至少要有书名和作者名，目的是为了使书脊在书架上容易辨认。在前勒口上还可以设计本书的内容简介以及短评，使读者能够掌握一些信息，提高购买的可能。在后勒口上可以印上作者简介以及照片等。与护封相似的还有书套，一般采用硬纸板的材质，五面黏合，一面开口，开口处正好露出书脊。

护封的作用是保护封面。书店里的书往往要经过多次翻阅才能卖出，在这过程中会受到一定损害。另外，光线的照射容易造成书籍褪色和卷曲变形，护封能减轻书籍的受损程度。护封上要出现的文字有书名、作者或译者名、出版社名等。

（三）封面设计

封面也称“书面”“封皮”等，指书的正面部分，其中包括书名、著（译）作者姓名、出版社名以及图书内容相关的图片和文字等。通常封面设计连同书脊、封底、勒口等部分同时完成。封面设计通常被界定在固定的版面中，是一种介于创作与商业的艺术效果。

无论哪种类型的书籍，它的封面都属于产品的包装，必须具备宣传产品的功能。因此，在设计书籍封面时要做到极具竞争力。每一本书都被数以百计的类似书籍包围，好的设计能抓住潜在的阅读者的注意，并能迅速而清晰地告诉读者关于本书的信息。

针对不同的材料，书籍封面的设计也有所不同。常规的纸质材料通常采用印刷或是烫压的方法处理，皮质或布料的精装书可用烫金、印压的方法处理。无论精装书的封面使用哪种材料，它的里面都有硬纸板，上下切口三面都大于版心 3mm 左右，以用来保护正文。

现代书籍的功能不同于中国传统书籍的首要之处，就是书籍封面的角色变化。现代书籍封面被赋予了更多的视觉宣传的使命。封面设计几乎被当作中国早期书籍设计的唯一内容。绘画是当时获得书籍封面视觉形象的最常用手段。为了满足封面的图像化表现需要，中国人把所能接触到的西方视觉文化艺术的各种形式，不论是来自德国与法国，还是英国与美国，不论是古典主义的还是现代主义的，都当作西方化、现代化的符号。

对于书籍设计的封面设计而言，书籍以何种方式与读者沟通是最重要的事情之一，如杂志是卖给消费者的，那么刊头的设计是至关重要的。封面设计应根据书籍内容进行有针对性的设计：专业理论性的书籍，封面设计宜简洁严肃，不用过多地美化处理，以文字的排列组合为主；文学、历史、哲学等社科类用于典藏的书籍，封面设计以庄重典雅的形式为主；工具类的应用型书籍读者面广、使用频率高，封面设计不宜太个性化；小说、诗歌、散文等文学作品有读者面广、时效性较强等特点，封面设计应采用多样化的设计方式；儿童读物为体现儿童天真活泼的性格特点，应图形生动、色彩绚丽，开本设计也可呈现不规则变化。

对于书籍的封面设计而言，以上所有的元素都会对最终的设计效果产生戏剧性的影响。优秀的封面设计并不在于怪异的字体和复杂的版式，它应尽可能简洁地以恰当的方式向读者传递恰当的信息。

1. 封面设计的减法与加法

封面设计是减法的艺术。“画面表现的东西越少，观众接受的东西也就越多”，现代艺术有一个共同的特点——趋向简约、单纯、明快、抽象、质朴，设计上也是如此。

封面设计的加法主要是指新的设计意识。过去的封面设计很单一，就单指封面设计。但现在的封面设计还包含护封、封套、腰带、书脊、勒口，甚至切口都做足了文章。新的材质给封面设计增添了更多的想象力。

2. 封面设计中的点、线、面

（1）点。点有活跃感、韵律感和导向感，能使画面生动、活泼。成组的点有聚集感，分散的点有离心感，连续的点有贯穿感，几个点在一起按照不同的方式排列，有方向性，能给人或轻松、或紧密、或点缀、或分列的视觉效果，能增强画面构图中的层次、排列中的变化、对比中的轻重和处理上的多样化。

（2）线。一行整齐排列的文字是线，排列成行的图形是线，图片或大面积的文字排列的空间也是线，线有曲、直、粗、细、长、短、虚、实之分。例如，由赵清设计的作品《世界地下通道》，封面设计主题简洁明确，用人行道、马路等作为设计元素，简洁而紧扣主题。运用虚线、细线等排列构成画面，下方也用了文字，构成了线，排列于画面中，体现了“阶梯”“通道”等书籍的主题。

（3）面。面的整体特征是点线密集的最终转换形态。图形是面，一片文字是面，色块本身也是面，面的形式取决于面自身的边缘线，它的变化和随意性比较大。有了面的存在，画面不易凌乱破碎，面是画面的基石和力量所在。例如，《平山作品选·书法卷》是一本个人作品集，封面上是该艺术家的作品，占版面二分之一居中偏下位置，上方空白，简约而不失韵味，单纯但不单调，风格统一，封面整体设计和谐，与艺术家的笔墨神韵完美结合。图片的排列也构成了“面”的语言，《诗建筑》运用了摄影图片，自然而清新，文字作为“线”的构成要素排列其中，左右并列，摆放合理，统一中略有变化，韵味十足。

3. 封面书名的设计

有的封面设计就在书名上做文章，如果封面是一扇窗户，那么书名就是眼睛。书名摆放的位置不同，便会带给人不同的感觉。书名放在上方，让人感觉轻松、飘逸；书名在中间让人感觉到沉稳、古典、规矩；在下部会让人觉得压抑、沉闷。设计书名时，要充分考虑其大小、字体、色彩、位置、印刷工艺等，还要根据书籍内容所要表达的感情综合设计。

4. 封面的字体设计

封面文字中除书名外，均选用印刷字体，常用于书名的字体分三大类：书法体、印刷体、创意字体。

（1）书法体。书法体笔画间追求无穷的变化，具有强烈的艺术感染力和鲜明的民族特色以及独到的个性，且字迹多出自社会名流之手，具有名人效应，受到读者广泛的喜爱。例如，《靖江印象》是一本介绍靖江人文环境的地方志。设计者很好地提炼出靖江地区特有的图腾“四眼井”的视觉符号，并将其贯通全书。封面书名的字体选用书法体，贯人水乡诗意的文本情绪，淡墨散点融在封面上，与字体交相呼应，清雅淡泊，富有诗意。

（2）印刷体。印刷体沿用了规则美术体的特点，早期的印刷体较呆板、僵硬，现在的印刷体在这方面有所突破，吸纳了不规则美术体的变化规则，增强了印刷体的表现力，而且电脑的辅助使印刷体在处理方法上既便捷又丰富，弥补了其个性上的不足。例如，《新闻纷争处置方略》是一本纪实性的图书，为了表现新闻的冲突性、即时性、现场性，在书名文字的设计上，选用了黑体与宋体的组合设计，用隐喻的手法将新闻的关键性与视觉性合二为一，看上去不张扬，关键词“处置方略”，简写成“处方”二字，形成了本书的设计之“眼”。书顶和书根都印上了红底色，白色的图形是封面中部图形的再现，加强了“处方”的表现。又如，《诗水流年》封面字体设计选用新宋体的设计风格，简洁、大方、富有诗意，封面采用布面印刷，烫金工艺使用得当。

（3）创意字体。创意字体是在印刷体的基础上进行变化的，它在一定程度上摆脱了原字形和笔画的约束，依据文字内容，充分运用想象力，艺术地重新组织字形。

（四）书脊设计

书脊也称作“封脊”“书背”，即封面和封底的连接处。书脊是使书籍成为立体形态的部位。书脊上一般印有书名、作（译）者、出版社名等内容。通常精装书的书脊部位有各种不同印刷工艺处理的装饰纹样或图案。书脊上的书籍名称设计应简洁清晰，以方便读者查阅。书脊的设计一般不受注重，直到出现精装书，书脊的设计才逐渐被人们重视起来。随着时代的发展，书脊的作用也逐渐显现出来。例如，将书籍立在书架上的时候，人们都是通过书脊来寻找目标。所以在进行书脊设计时要做到内容醒目、易辨别以及高度的视觉识别性。同时，书脊作为封面的一部分不能孤立存在，要与它的封面、封底相呼应。

另外，书脊的厚度要计算准确，这样才能确定书脊上字体的大小字号，设计出符合需求的书脊。宽度大于或等于 5mm 的书脊，均应印上主书名、副书名、出版社名（或出版社 logo）、作者和译者姓名。通常书脊上部放置书名，字较大；下部放置出版社名，字较小。多卷书的书脊，应印该书的总名称、分卷号和出版者名，但是一般不列分卷名称。丛书等系列书的书脊、应印上丛书名和出版者名，多卷成套的要印上卷次，便于读者在书架上进行查找。在设计时，还应注意书脊上下部分的文字与上下切口之间的距离。例如，《罗修硕山水画集》的书脊设计简单明了，准确标明书籍名称即可；《芝加哥字体展画册》的书脊整套风格统一，利用红色色块分割画面，红色块与封面的红条相呼应。厚本精装书的书脊，还可以加上装饰图案，采用丝网印刷、烫金、压痕诸多工艺来处理。例如，《中国美术全集》的书脊设计，除了以颜色区分不同的类别之外，另选择一幅与书中内容相关的图片，放置于整套 60 本书书脊的相同位置，既统一整体，又可以通过图片区分出每本的大致内容。

中国的书脊设计通常是由上至下的顺序排列文字。为方便检索，书名的字号和字体都较为突出，或是在印刷工艺上采用突出的色彩。由于选用的纸张不同，书脊的厚度也应有所不同。在设计书脊时应当计算好纸张的厚度和张数，以确定书脊的宽度。

（五）封底设计

封底也被称作“底封”“封四”，是书籍的最后一面。图书在封底的右下方印统一书号和定价，期刊在封底印版权页或用来印目录及其他非正文部分的文字、图片。

封底是封面和书脊的视觉延续，在设计上要有一个整体的设计构思，进行统一的规划和布局，使封面、书脊、封底和谐一致。

封底是书籍整体美的延续，是书籍的重要构成元素，是书籍内容的延续与补充。封底的右下角通常印有书号、定价、图书条形码，有的还印有内容提要、作者介绍、责任编辑、装帧设计者、出版社及其他版权信息。封底的设计也是整个设计风格的延伸，所以它的设计要与封面效果形成一致性，来达到书籍整体美的效果。封底和封面的设计应该有联系，但不需要完全相同，且不在于炫耀，在设计时需要注意这些关系。

第一，封底设计应注意与封面的统一性和连贯性。封面与封底是一个整体，封底的画面效果要与封面统一协调，其图形、文字、编排不一定完全相同，但应与封面相互呼应。封底设计应注意与封面的主次关系。封底与封面有着各自不同的功能。封底是一本书籍结束的标记。封面是先声夺人的，有时也是张扬的，而封底不在于炫耀，而是隐匿在书籍整体美之中。在设计时，应把握住封面、封底的主次关系，对于画面的轻、重、缓、急都应仔细斟酌，在统一中寻找对比，在满足整体关系的前提下，呈现封底的独立效果。

第二，封底设计还应充分利用封底版幅来宣传图书及出版单位。封底与封面要始终保持相互呼应，为了扩大书籍视觉的展示篇幅，可以运用封底的设计信息补充封面上的信息不足，充分表达书籍的思想以及理念。例如，《佳能感动典藏》的封底，只是在中间部分放了一个佳能公司的标志来说明书籍出版的支持单位。

（六）封里和封底里设计

封里又称“封二”“里封”，是指封面纸朝向书心的一面，通常是空白的。封底里称作“封三”“里底封”，是封底纸朝向书心的那面，通常也是空白的。有些书籍利用封底里印后记或正文。

一般书的封里是没有设计的，有些书籍为保持视觉的统一性，将封里、封底里和环衬用相同的纸张制作。期刊中的封里都印着美术作品，起到承前启后的作用。封里和封底里属于书籍整体设计的一部分，作为翻开书籍的第一页和看完书籍的最后一页，它的好坏直接影响到读者对书的印象。

（七）环衬设计

环衬是连接书芯和封皮的衬纸。当打开书籍的正反面封面，总有一张连接封面和内页的版面，叫作环衬，目的在于使封面和内页牢固不脱离，同时保护书芯，使其不易脏损。

在封面之后、扉页之前的称为“前环衬”，在书芯之后、封底之前的称为“后环衬”。一般的书前后环衬是相同的，环衬具有承上启下的作用，在视觉上起到过渡的效果。

精装书的环衬设计很讲究，通常采用抽象的肌理效果、插图、图案来表现，其风格内容与书装整体有一定的联系，但不要求表现主题。色彩相对于封面更淡雅，图形的对比相对弱一些。环衬的设计要与书籍的整体风格相统一，正如法国启蒙运动哲学家狄德罗所说的“美在于关系”，环衬的设计要点就是处理它与封面、内页的关系，这种关系是多层次、多因素的。

环衬是书籍的一扇窗子，通过窗户能认识内部的枝繁叶茂。不同的书籍环衬设计的效果也各不相同，平装书和简装书的环衬通常采用插图、照片或文字来表现；精装书的环衬设计多采用抽象的肌理效果或四方连续纹样，其风格应与整本书装的效果保持一致。环衬色彩的设计较封面设计应有所变化，图形的对比也应比封面更弱，形成由外至内的视觉效果。

（八）勒口设计

勒口又称为“折口”，是指书的封面和封底的书口处再延长若干厘米，向书内折叠的部分，前者称“前勒口”，后者称“后勒口”，也称作“飘口”，其宽度一般不少于30mm。勒口上通常印有书籍介绍、作者介绍、内容提要等内容。

勒口是护封连接内封的一个必要过渡，作用是增加封面、封底外切口的厚度，以使幅面平整，并且保护书芯和书角。勒口设计一般与封面、封底同时进行，和封底一样，要同封面设计一同构思，统一规划和布局，以使各部分和谐统一。

二、书籍内部形态构成要素

（一）扉页设计

扉页又称“书名页”或“书籍的门页”，指的是封面或环衬后的一页纸，是正文部分的首页，在目录或前言的前面。扉页由书名、著、译、校编及出版社构成，扉页的内容一般以文字为主，可以是空白，在设计时也可以适当加一点图形或者图案的装饰，也可以是封面内容的重复，扉页的字体设计不宜过大，主要采用与封面的字体保持一致的字形。扉页的设计要非常简练，并留出大量空白，犹如在进入正文之前的放松空间，给读者以遐想的余地，让读者心里逐渐平静而进入正文阅读状态。在扉页纸张的选择上，可选取高质量的色纸，还可以用带有肌理的特种纸张。随着文化的不断发展，扉页设计越来越被重视，优秀的书籍应该仔细设计此处，以满足读者的审美需要。

扉页起着保护正文、重现封面的作用，是封面的延续。它可以表达书籍的思想以及时代内容等，不仅仅作为一种装饰存在，也是对封面文字内容的补充说明，作为书籍设计中的重要元素，对于诱导读者展开阅读有着非常重要的作用。扉页包括书名、副标题、著译者名称、出版机构名称等要素。

括护页、书名页、版权页、馈赠页（感谢语、题词等）、空白页、目录页、目录续页等一般不用于普通书籍中，而用在排版比较考究的古籍中，如学术专著、高档画册等。

（二）版权页设计

版权页是每一本书诞生的历史性记录，也被称为版本记录页。通常在扉页的反面或是正文后面的空白页的反面，其多记载书名、丛书名、著者、编者、译者、出版社、发行者和印刷者的名称及地点、书刊出版营业许可证的号码、开本、印张和字数、出版年月、版次、印次和印数、国家统一书号和定价等。其作用是便于发行机构、图书馆以及读者查询，也是国家检查出版执行情况的直接材料。版权页文字字体较正文略小，设计简单朴素。它的设计常常运用线条分栏和装饰，讲求书籍与整体的一体化。

（三）目录页设计

“目录页是全书内容的浓缩和集中体现，显示了书籍的结构和层次，通常放在正文的前一页，内容为全书各章的标题和相对应的页码。”① 通过目录读者可以迅速地大致了解书籍的基本内容。目录页的设计字体大小与正文一致就可以，在章节处可以略大或者使用加粗字体。

目录的编排形式大概有：左对齐，右对齐，居中，左右对齐，线条、色块作为分隔等。目录设计在设计上要统一于书籍整体设计思路，在统一中求变化，提高书籍的整体档次。但是目录页的设计长期得不到重视，字体均以宋体或黑体的横排出现，按照顺序排

① 周雅铭，段磊，杨锦雁. 书籍装帧［M］. 北京：北京工业大学出版社，2012.

列，显得呆板。其实书籍设计者完全可以通过目录设计来体现全书的情感脉络，彰显书籍的不同之处。所以在书籍目录的设计上需要一番斟酌，提高视觉传达的识别性。

（四）内页设计

书籍的内页设计是整个书籍设计的重点，由版心、天头、地脚、页眉、页码、字体、插图等构成。这些部分共同构成书籍的核心内容，传达书籍的精神内涵。

1. 版心设计

版心是指每一版面上容纳文字或图形的基本部位，版心在版面上所占幅面的大小能给予读者不同的心理感受，版心的大小，要根据书刊的性质、内容、种类和既定开本来选择确定。例如，实用型、通俗型书刊和经济型小开本书刊，版心不宜过小，以容纳较多的图文内容；画册、影集为了扩大图画效果，宜取大版心，乃至出血处理；而休闲类、美术类、随笔类、诗歌类等中型开本的书刊，周空可以较大一些，图可根据构图需要，安排大于文字的部分，甚至可以跨页排列和出血处理，并使展开的两面取得呼应和均衡，让版面更加流畅自然，给读者的视觉带来舒展感。

版心在版面上的比例、大小及位置与版面的内容、体裁、用途、阅读效果等有关系。每个版面都有两个中心，一个是视觉中心，一个是几何中心（对角线的交叉点）。从视觉传达效果上讲，版心在版面页上偏上，视觉中心较为合适。版心设计取决于所选的书籍开本，设计版心有一定的规律可循：首先，在双页和单页各拉对角线，在对角线上任意选其一点，画平行线和垂直线，可以任意设定版心范围；其次，将开本的对角线分为 9 份，取其中 2~7 的 6 份作为版心，画平行线和垂直线，用对角线九分法确定版心的位置；最后，将开本划分为 9 等份网格，以一个 1/9 宽度作为内白边，两个 1/9 宽度作为外白边，一个 1/9 高度作为天头，两个 1/9 高度作为地脚，设定出版心。此种方法也被称为九等份划分法，这类传统的运用几何学方法在对角线上找版心的方法只是许多方法中的一种，它有时候并不适合狭长和扁宽的开本。

2. 天头、地脚设计

天头、地脚即版心上下的空白处。版心上面的空间叫作天头，下面的空间为地脚。而版心的左右则称之为内口、外口。在上面的版心介绍中已经说到版心的比例大小和营造书籍的情感有着密切的关系，也就是天头与地脚的大小比例、内口与外口的大小比例能够营造出书籍不同的情感。中国的古装书和线装书的天头一般大于地脚，而西方的书籍一般比例均等，或者地脚大于天头。

3. 页眉设计

页眉是印在书籍版心以外的空白处的书名、篇名或章节，也指横排页码印在天头靠近版心的装饰的部分，是正文整体设计的一部分。页眉是故事开始时的序，是音乐响起时的最短弦。一般而言单码排章名，双码排书名。而对于部分书籍而言，章节层次较多不便于排书名，就直接排上章名或者节名。

页眉利用书心外的空间，用小字在天头、地脚或书口处设计，给读者在翻页时带来方便，同时好的设计可以给画面带来美观的效果。页眉的设计也很丰富，特别在综合性的杂志、书籍和词典等工具书中应用广泛。有的正面写书名，反面写章节名，有的运用几何形的点、线、面配合文字设计，但需要与版面设计协调。文艺书为了版面活泼常使用书眉。

4. 页码设计

页码为书籍中表示页数的数字，是书页顺序的标记，便于读者检索。一般位于书籍的下角或者上角，也有位于天头或者地脚的中间的。页码的计算一般习惯从正文标起，当人们打开一本书时，左边页码为偶数，右边为奇数。而分册装订的书，可以单本计算页码，也可以连续计算页码。前言、扉页、目录等部分的页码一般另外计算，有了页码可以使书籍内容有延续性，方便读者进行翻阅。

5. 字体设计

（1）文字。文字是书籍设计中最基本的单位，在整个书籍中占了大部分。它不仅仅是单纯的供读者识别或阅读的符号，更是书籍内容的主要承载者。目前我国常用的印刷字体有宋体、楷体、黑体等。

书籍装帧中的文字有三种意义：一是书写在表面的文字形态；二是语言学意义上的文字；三是激发人们艺术想象力的文字。中国的汉字可以作为书籍装帧的重要手段，每一种文字都有其性格特征。黑体类字体的笔画粗细相等、方头方尾，具有醒目、正规、简洁、明快、浑厚有力等特点，是现代设计中运用较广泛的一种字体，常用于主标题等。圆体保留了黑体方正、饱满的特征，在笔画两端和转折处加上了圆角处理，这种字体外形圆润并且具有亲和力，因此常用于表现儿童、女性以及食品等主题的设计。楷书具有传统、端庄刚直的特征，行书有清秀自由的意趣，隶书具有华贵古朴的风貌，大篆显得粗犷，而小篆均圆柔婉。

书籍字体和字号的选择要遵循两个原则：一是选择字体和字号的类型，要方便读者阅读，注意功能目的；二是要注意字体和字号之间的相互关系，因为它们是构成书籍版面美感的重要部分。

所以，任何书籍设计选择字体和字号时都要以方便读者阅读和理解为主要原则。书籍设计者要根据图书不同的内容性质来选择相应的字体。读者受众分为不同的年龄层次，书籍内容也分为不同的类型。总而言之，书籍的正文字体要清晰明了，读起来舒服。字体字号的选择上要以功能为主，同时兼顾审美，二者统一。

（2）字距。字距的变化是一行文字中字与字之间距离的大小变化。字距越大，单个字就越突出。因此，书籍标题文字的字距往往大于正文文字的字距。文字设计必须考虑视觉的舒适度。因此，字行的长度要限制第二节字的“行”化，否则容易引起视觉疲劳。通常，用5号字时，字行长度不能超过90cm。

（3）行距。行距的变化是多行文字中行与行之间距离的大小。当版面中的文字数量达到一定量时，“行”的概念就出现了。为了保证顺利阅读，行距不能过小，削足适履的情况应当避免。最重要的一点是，行距必须大于字距。

（4）方向。文字方向的变化，也是重要的编排方式。具体可以分成以下三大类型：①水平方向：从左到右、从右到左。②垂直方向：从上而下、从下而上。③倾斜方向：根据画面的需要，进行文字的倾斜，可以是直线型倾斜，也可以是曲线型倾斜。编排版面时，可以运用多方向结合的方式，让整个画面产生多条视觉流动线，这样版面就更加生动了。

（5）字块。如果说字的“行”化是基础，那么字的“块”化就是文字组合的最终形式。尤其在书籍设计中，字的“块”化表现形式可谓无处不在。所谓字的“块”化，即文字的组合以块面的形式出现在版面中。文字部分相对集中，目的是让版面中信息量较大的文字部分主次分明。当然，字的“块”化形式是多样化的，方形只是其中的一种。版面中“块”的存在，可以起到分割画面的作用，使画面产生韵律美。字的“块”化主要包括“块”的形式和“块”的数量两个方面。

（6）“块”的形式和组合。“块”的形式是千变万化的，最基本的就是常见的几何形状，如正方形、长方形、圆形、三角形、梯形等。以这类形式组合的文字有强烈的秩序感，有利于阅读，经常运用在书籍正文中。当然，还可以是充满想象的具象形，比如人物形、建筑物形、植物形等。这类形式应当是字图结合的完美统一体，给人新奇的视觉效果。不规则形也是其中的一种，这种“块”的形式富有现代气息，在自由版式中运用较多。

文字“块”的数量是不等的，对应到具体的版面上，也是如此。因此，其中便蕴含了一个组合因素，即文字“块”之间存在大小、位置、色彩、方向、形状等方面的联系。字“块”的组合和不同类型字“块”的数量形式主要有单个文字“块”，两到三个文字“块”以及四个以上的文字“块”组合。

第二节 书籍形态的视觉要素

一、书籍外部形态的视觉要素

美的形式分为内在和外在，内在即内容，外在即内容借以现出意蕴和特性的东西。内在显现于外在，经由外在认识内在。书籍设计也一样，首要任务就是通过外在形式给读者创造美好的第一印象，然后引导读者去探究书的内容的意蕴和特性，形成富有意味的第二印象。

（一）文字的设计

文字的设计是将写下来的观念变成一种视觉化的形式。文字作为书籍封面最主要的视觉要素之一，它的设计能够直接影响读者感知的方式。不同的文字具有不同的个性，它们是传递作者感情的最直接的方式。封面的文字是一幅独特的图像，或随和，或权威，或谦逊，读者一眼便知。

封面文字被设计出来，在设计师的思路里必有其特殊的功能。通常，封面设计的字体可以使用引人注目的奇特字体，但是易读性对于设计师而言才是需要考虑的重要方面。设计师在设计一种出版物时运用不止一种字体，为保持书籍视觉的连续性，字体可使用具有同种特征的、同家族中的变体字体。

在书籍设计中，字体是一种有力的工具，许多美丽的书籍就是凭借字体的力量创造出来的。书籍设计封面中的文字设计常采用变体美术字，它主要指汉字和拉丁字母经过夸张、解构等装饰手法形成的一种字体。这种字体在一定程度上摆脱了字形和笔画的束缚，使要表达的文字更加具有装饰性和感染力。

在进行文字设计时，要注意文字的直观效果。字体的形态应与图形、色彩等因素相协调。将印刷字体作为书籍名称，有利于读者识别，给书籍设计增加美感。

（二）色彩的旋律

人们从出生便能辨认色彩并对其产生反应。色彩本身没有感情，但是不同的色彩能引起人们的心理联想，并与我们的情感联系起来，我们对不同的色彩所产生的联想会伴随我们的一生。在书籍的外观设计上，色彩是书籍设计师所能运用的重要手段之一。色彩可以用来传递不同的情感，能瞬间吸引注意和发出警告。

在进行书籍封面色调选择时，应首先研究读者的心理，从性别、年龄、民族性、流行性等方面作出正确的定位。王羲之曰“实处就法，虚处藏神”，即色彩的布局应注意虚实的变化。虚与实、轻与重的关系就如同太极图一样，虚实相生，形成形、势。

在书籍设计中，色彩有多种用途，或是强调信息，或是引出某种特定的情感反应等。许多成套的书籍设计中，书籍封面常用色彩标记，通过色彩标记索引系统，以使读者便捷地找到自己所需要的书籍。传统纸质印刷品采用的是最普通的四色印刷法，即 CMYK（青、红、黄、黑）。

色彩能够形成有力的认同感。在进行杂志的刊头设计时，色彩常常是使它被老读者立刻识别出来的一个标志。在书籍封面设计中，色彩的运用应当与书籍内容的精神相协调，二者应相得益彰。

在设计中处理好色彩之间的关系就会产生不同的节奏感。色彩结合字体、图像形成色彩的合理搭配，更加能发挥书籍外部形态的视觉艺术效果，给读者创造出合理舒适的阅读空间。

合理地使用色彩能强化书籍封面设计的整体视觉效果，能够深刻反映书籍的内涵，提升书籍的审美空间。

（三）图形的象征性

图形是以象征性为目标的造型形态，以相对独立的造型表达某种特定的含义。图形设计是书籍封面设计中的重要组成部分，在任何书籍的视觉识别中，图形都起着不可或缺的作用。早期的书籍设计，通过绘画产生的图形是当时获得书籍封面视觉形象的最常用手段。

封面图形能在第一时间内传递信息，所以图形通常被用来展示文本无法表现的内容。将图形融入设计时，要考虑图形的质量，特别是封面上出现的图形的好坏，会直接影响整本书的质量。

图形的主要功能是传达信息，在设计图形时，要考虑人们对新奇事物的渴望和对美的追求。一个新的图形设计要考虑它是否能被读者接受，如果不能被读者接受，就失去了传达的功能。图形设计既要能让人们接受，又要有所创新。因此图形设计应研究人的心理、生理和社会现象，站在被传达者的立场，关注其内心需求，并用正确的图形表现书籍的内涵。

书籍封面设计中的图形设计是有目的性的。在设计图形时，要考虑传达的准确性、表现的艺术性和对象的理解力等方面。通常图形可分为可视形态和观念形态。

第一，可视形态。可视形态又分为自然形态和人为形态。首先，自然形态指自然界和生活中所见的一切自然生成的形态，这些形态经过夸张、解构、变形等手法的改造可以变成图形设计的主要素材。其次，人为形态是指一切经过人的主观行为产生的形态。

第二，观念形态是一种不可视的形态，指视觉和触觉不能直接感受的形态。观念形态是人类从自然界和生活中提取出来的，存在于人的意识之中。因此，在图形设计时，设计师要对各种形态有精确的洞察力和思考力，并训练对各种形态的敏感程度，这样才能设计出符合书内容的图形。

书籍封面上的图形包括摄影和插图等，这些图形有抽象的、写实的和写意的。科普、建筑和生活等读物的封面上，一般运用具有科学性和说明性的具象的图形。写实手法的图形一般应用于少儿读物、文艺类、科技类的封面上。写实的图形直观、易让人理解。文学类的书籍常用写意的手法设计图形，以呈现与书籍内涵相符合的情感，这种表现形式能让封面的图形具有艺术性和趣味性。

二、书籍内部形态的视觉要素

（一）书籍版面设计

在书籍版面设计中，我们要注重形式美、构成美和合理性，掌握美的法则及其在设计中的运用方法是十分重要的。运用好这些法则和方法，将会有事半功倍的效果。下面是书籍版面设计中会用到的一些基本法则和方法。

1. 变化统一

统一是主导，变化是从属。统一强化了我们对版面的整体感觉，多样变化突破了版面的单调、死板。但过分地追求变化，则可能杂乱无章，失去整体感。

统一之美，是指版面构成中某种视觉元素的比重占绝对优势的一种形态。如在线条方面，或以直线为主，或以曲线为主；在编排走文上，或以单栏为主，或以变栏为主；在版面色彩上，或以冷色调为主调，或以暖色调为主调；在情调方面，或以优雅为主，或以强悍为主；在疏密方面，或以繁密为主，或以疏朗为主。

多样变化之美，是指版面构成中多种视觉元素均占较小比重的一种形态，多样变化可使版面生动活泼，丰富而有层次感。

2. 对比协调

在版面设计中，缺少对比效果，就缺少活力，就不能在视觉上抓住人。版面设计，可以从诸多方面运用对比手法，如虚实、聚散、繁简、疏密、主次、轻重、大小、方圆、长短、粗细、曲直、强弱、黑白等，在彩色报纸上还有色调冷暖对比、补色对比等。在一个版面上运用对比手法，应以对比方的某一方面为主，形成对比的冲突点，形成画龙点睛之笔，也就是版面的“彩儿”。

3. 对称平衡

对称指以中轴线为中心分成相等两部分的对应关系，如自然界中人的双眼双耳，或鸟虫的双翼双翅。在报纸版面中也经常运用对称的形式，它给人以稳定、沉静、端庄、大方的感觉，产生秩序、理性、高雅、静穆的美。

平衡又称均衡，体现了力学原则，是以同量（心理感受的量）不同形的组合方式形成稳定而平衡的状态。日用器皿中茶壶是平衡结构的，而盆罐花瓶则多是对称结构的。平衡结构是一种自由生动的结构形式。平衡状态具有不规则性和运动感。一个版面的平衡是指版面的上与下、左与右取得面积、色彩、重量等量上的大体平衡。

在版面上，对称与平衡产生的视觉效果是不同的，前者端庄静穆，有统一感、格律感，但如果过分均等就易显呆板；后者生动活泼，有运动感和奇险感，但有时因变化过强而易失衡。因此，在版面设计中要注意把对称、平衡两种形式有机地结合起来灵活运用。如版面整体可用平衡式，局部栏目标题等可用对称式。

4. 节奏韵律

节奏是周期性、规律性的运动形式。音乐靠节拍体现节奏，绘画通过线条、形状和色彩体现节奏，节奏往往呈现一种秩序美。在版面设计中，没有节奏的版面肯定是沉闷的。读者在看报纸时，一般是由左到右、由上到下、由题目到正文的阅读过程，如果编辑设计版面时在标题、图片、栏目、点线面上做文章，让它们有所变化，在视觉上串成串儿，形成跳跃式的块状、点状，这样读者读来就有一种节奏感。

韵律更多地呈现一种灵活的流动美。版面中典雅的插图，自由自在的变体标题字等，都可让读者感受到韵律之美。

5. 虚实与留白

空间与形体互相依存，任何形体的存在都占有一定的空间，这是实体的空间；形体之外或在形体的背后，细弱的文字，图形与色彩，就是虚的空间。虚的空间往往是为了强调主体而将其他部分削弱，甚至留白来衬托主体的实。因此，留白是编排设计中一种衬托手法。实体的空间和虚的空间之间没有绝对的分界，每一个形体在占据一定的实体空间后，还需要一定的虚的空间，使其在视觉上的动态与张力得以延伸。

当然，留白率较高的版面，适合于表达高雅格调的资讯信息，稳健或严肃的机构形象；留白率较低的版面，适合于表达热闹而活泼，充满生机与活力的资讯信息。留白量的多少，可根据所表现的具体内容和空间环境而定。

6. 秩序与变异

变异是规律的突破，是一种在整体效果中的局部突变。这一突变之异，往往就是整个版面最具动感、最引人关注的焦点，也是其含义延伸或转折的始端，变异的形式有规律的转移、规律的变异，可依据大小、方向、形状的不同来构成特异效果。

秩序美是排版设计的灵魂，它是一种组织美的编排，能体现版面的科学性和条理性。由于版面是由文字、图形、线条等组成，尤其要求版面具有清晰明了的视觉秩序美。构成秩序美的原理有对称、均衡、比例、韵律、多样统一等。在秩序美中融入变异之构成，可使版面获得一种活动的效果。

7. 重复与交错

在排版设计中，不断重复使用的基本图形或线条，它们的形状、大小、方向都是相同的。重复使设计产生安定、整齐、规律的统一。但重复构成的视觉感受有时容易显得呆板、平淡，缺乏趣味性的变化，故此，我们在版面中可安排一些交错与重叠，打破版面呆板、平淡的格局。

版面设计是通过情感的传递引起与读者心灵上的沟通，所以任何形式的运用都应注重与内容的统一，都应有助于设计思想的展开。在版面中所谓情感是发生在人与版面形态之间的感应效果，形式格局的物理刺激在人的知觉中造成一种强烈印象时就会唤起一系列的心理效应。形式美的基础很重要的一个方面，就是建立在人类共有的生理和心理上，人的感觉与经验往往是从生理与心理开始的。

现代设计以人为中心，版面设计也不例外，应该从人的因素考虑与人的一切活动。如果将版面设计中的形式理解成为效果，它只能是一种形式显现出来的无深度、浮华的格式，谈不上与读者心灵的沟通。构成学的研究与运用为版面设计的深入探讨、人性化设计提供了理论依据。

（二）书籍网格设计

网格设计①，或者叫作网格系统，也有人把它叫作标准尺寸系统、程序版面设计、比例版面设计、瑞士版面设计或者欧洲形式（与美国形式的自由版面设计相对而言）。

---

① 网格设计就是在书页上按照预选好的格子分配文字和图片的一种版面设计方法。

网格设计方法不是某个人的发明，网格设计的源流可以追溯到20世纪20年代的构成主义。建于1919年的德国魏玛的包豪斯设计学院是构成主义的中心地。苏联人李捷斯基（1890—1941年）是这个思想的倡导者。构成主义是一种理性的逻辑的艺术，它认为世界是一个大单元，由许多的小单元组合而成。这种组合关系，无论在客观物质还是社会形态都有体现，然而这样的关系是在变化运动的。约翰·契肖德是李捷斯基的追随者。他继承了构成主义的精神，使之发展成为新客观主义，成为现代书籍设计的重要里程碑。新客观主义强调明暗对比并拒绝装饰纹样，突出无字脚体。注重版面设计的功能，要求每一件设计都是有趣和独到的。并且运用适当的形式，寻求版面与内容、作者与读者之间的紧密联系。在当时，新客观主义提高了广告印刷品、杂志和大众科学书籍的设计质量。契肖德后期的创作活动主要是在瑞士，他的思想在那里得到了发扬。

自从构成主义的中心地、德国的包豪斯学院解体以后，瑞士的设计师们继承了包豪斯的设计思想，瑞士的设计学校成为主要的实验室，但是最严密、最一贯地把网格设计付诸应用的是巴塞尔工艺美术学院的权威——埃米尔·鲁德尔教授，还有他的学生们。网格设计不是简单地把文字和图片并列放置在一起，而是从画面结构中的相互联系发展出来的一种形式法则。20世纪40年代后半期出版了第一件用网格设计的印刷品，它那严密的文字和图片设计方案，贯穿全书的统一的版面设计和对于主题朴实无华的表现，代表了新的潮流。直到50年代，网格设计才开始定型，并在世界各地广泛传播，对欧洲、美国及日本的设计师都有很大影响，应用的人也越来越多。在历届的世界最美书籍的评选中，经网格设计的书籍屡屡获奖，也证明了它的艺术性和科学性。另外，网格设计对那些经验较少的版面设计师而言，也有很大的帮助。

1. 网格设计的特点与构成

（1）网格设计的特点。网格设计是采用固定的网格结构划分使用版面的方法。在设计中先根据需要把版心的高和宽分为一栏或多栏，由此规定了一系列的标准尺寸，运用这些尺寸控制，可以安排各种文章、标题、图片，使版面取得有规律的组合，并且保持相互间的一致谐调。除了在特定的页面和版幅上使复杂的信息条理化，网格还把封面和内部页面统一起来，把一个事项和另一个事项连接起来。网格还能满足整个公司的需要，达到视觉上的统一，在屏幕申请表、小册子、数据表和广告中建立类似家族式的网格。

网格设计与古典版面设计（或者叫作传统版面设计）相比，显然是以一种完全不同的设计原则为基础的，它的特征是重视比例感、秩序感、连续感、清晰感、时代感、准确性和严密性。

（2）网格设计的构成要素。在所有网络系统的实际运用中，构成网格的无形的线条只是一部分，字体、色彩和照片的运用都应是网格系统的组成部分，视觉和结构等决定因素实际上强化了网格系统的运用，以下例子说明了这些元素与线条联合使用的重要性。

第一，信息设计。在信息设计中要特别注意字体的统一。例如，地图上所有的国名、城市名和其他名称必须使用统一的标识，而图表中表示不同项目的不同字体也最好具备某些共性。

第二，信封信笺包装。在信封信笺包装上，色彩字体和布局的统一可使不同设计同属一个系列的特点表示出来。

第三，杂志布局。在杂志布局中，对某一元素的统一处理为某些特殊元素的处理打下了基础。这可用乐队来打一比方，在音乐安排中某些乐器一直担任基本音符和节奏的任务，这样独奏的乐器就成了主角，即使在爵士乐即兴演奏中也总有一定的和弦作为基础。变化的元素和不变的元素之间的某种平衡是多页数设计的关键一步。

2. 运用网格系统的原因

网格系统对于没有经过专门训练的人而言是无形的，但它是设计过程中一个微妙而关键的部分。网格不仅为出版物或其他媒介提供了基本构架，而且为它们创造了一种节奏。运用网格系统的原因有以下方面。

（1）为多页数或多主题出版物提供可重复使用的系统的必要。想象一下每个月设计师必须为某一份杂志从头开始提供一份全新的设计稿，这几乎是不可能的。杂志毫不留情的出版期限充分地说明了网格系统如何可以使设计过程达到一体化，网格系统的使用可使许多最基本的设计元素得以保留，每次使用时只需作局部的修改。除了为杂志小册子和报纸提供可靠的设计指导思想之外，网格也使系列设计作品有统一外观，这对培养和针对某一读者群是不可或缺的。

（2）网格是在为一次性运用的设计作品进行设计的过程中逐步发展起来的，这种网格为设计师提供一种内在的逻辑一致。有了这种网格策略，一份设计即使只运用一种元素也会体现出某种风格上的相似，如果以后要添加其他元素，设计的整体布局也不会显得杂乱。

（3）信息设计是最严格地运用网格系统的类型。在这个平面设计的次范畴内，设计师运用网格帮助自己使重要信息尽可能清晰醒目地被传递出来。网格在这个方面被普遍利用的例子便是图表，它能最迅速有效地传递信息。

3. 网格设计的类型划分

（1）成角网格。成角网格是版式设计中经常被用到的一种结构形式，只是成角式网格的设置较之前面的几种网格形式更为复杂。成角式网格的角度可以被设置成任何数值，但要注意保持页面的整体美观度及可读性。在表现创意的同时能够有效地传递相关信息。

在设计成角网格的角度时，需要考虑多方面的相关因素，例如，图片的大小比例、字体的编排设计和人们的阅读习惯等。只有合理地安排成角式网格的角度，才能起到积极的表现作用。根据版面的阅读性特征进行成角式网格设计，使版面结构在最大限度上与阅读习惯相统一，从而有利于人们对信息的捕捉。

成角式网格在通常情况下只会选择两个角度进行倾斜，以避免造成版式过于混乱，且不利于人们进行阅读。成角式网格在页面中的应用使版式效果更为灵活多样、错落有致，在体现其独特创意的同时又能清晰展现出版式的层次结构。

（2）栏式网格。栏式网格中又分为对称式网格和非对称式网格。版面的分栏数对书籍版式设计是非常重要的。对称式网格又分为单栏网格、双栏网格、三栏网格等多种分栏方式。

第一，单栏式网格，是指将连续页面中左右两部分的印刷文字进行一栏式的排放。单栏式网格的排列形式使版面显得简洁、单纯，一通到底的版面效果直观而务实，因此多被用于说明性书籍与文学书籍的编排。

第二，双栏式网格多被用于杂志页面中，适合信息文字较多的版面，能使版面具有较强的活跃性，同时让页面显得更为饱满，避免文字过多而造成视觉混乱。采用双栏式网格进行版式的编排设计，可以让版面结构显得更为规则整齐。

第三，多栏式网格，是指三栏及以上更多栏编排的网格形式。根据不同版面的需要，可以将网格设计成需要的形式，具体栏数依据实际情况而定。多栏式网格适用于编排一些有相关性的段落文字和表格形式的文字，它能够使版面呈现出丰富多样的效果。而无论采用哪种形式的栏式网格，都能使版面表现出更为良好的秩序感及平衡感，让人们在阅读时更为流畅。

在进行书籍设计时会涉及大量的文字与图片，尤其是会使用到大、中、小不同尺寸的图片。在设计实践中如果使用通栏进行设计，编排不合理的话，会降低整个版面的自由度，同时很容易混淆版面中的图文，导致版面没有重点，杂乱无章。这个时候，我们可以采用双栏网格来进行书籍排版设计。双栏网格可以文字与图片共同编排，也可以第一栏排图片，第二栏排文字。对于分栏式网格而言，分栏式网格随着栏数的增多，书籍版面的变化也会更加丰富，灵活。但是我们不能一味地只顾分栏，要充分考虑到设计的实际情况需要，如三栏或者六栏的分栏方式，栏宽会相对狭窄，面对这种情况我们就不得不选用更小的文字进行编排。在使用分栏网格进行设计时，我们要特别注意栏宽的大小，因为栏宽影响着版面中字号的大小，要根据栏宽和不同的字号来调整版面布局。

同时，在进行书籍版式设计时，如果需要大量的文字与图片进行混合编排，或者是版面需要加入大量的图表图形时，四栏则是比较优选的分栏方式。栏式网格的灵活运用可以很好地丰富版面变化，增加版面的灵动性，同时突出主题，使所呈现的重要信息一目了然。在实际设计中，出版物的性质和开本大小，决定着具体分多少栏，和使用哪种网格设计形式对版面进行设计编排。

非对称式网格结构表现为左右两面的分栏数都是相同的，但在放置不同的视觉元素时，整个版面会呈现出一种向左或者向右的倾向。所以非对称式网格在整个版面中的布局并非绝对对称，非对称式网格可以应用于杂志和海报以及一些文字较少的书籍版式设计中。非对称式网格相较对称式网格而言更能体现版面的灵活，在保证整体设计一致的同时，又能丰富版面变化，减少读者在阅读过程中产生的枯燥和乏味感，增加读者阅读兴趣。但是，如果所设计内容包含了大量信息同时有不断重复的相同设计元素时，我们在使用非对称式网格就要注意避免出现版面呆板、混乱、没有重点等一系列问题，所以我们要灵活掌控多样设计元素，注意适当取舍。

（3）模块式网格。模块网格结构属于比较基础的常用形式，其编排组合较为简洁、单纯，通常是指将版面中的左右页面划分成不同大小的模块形式，使其呈现出对称或不对称的状态。通过模块网格的页面构成，有效地赋予版面更多的灵活和生气，以对比变化的形式积极吸引人们的关注，营造出独特的版面效果。

模块是指从连续的空间中分离出来的单个方块，能提供连续的、有序的网格。相连的模块可以建立不同尺寸的行列模块。需要处理重要信息时，如报纸、日历、图标和表格等设计时，模块网格是一种最好的选择。模块式网格是由分割好的，不同个数的小的网格，组合成一个大的网格空间，在划分好的网格空间中根据设计需要，可以对网格大小进行划分，然后将不同的视觉元素放入划分好的大小不等的网格空间中，从而组成一个大的可以容纳各种不同的设计元素空间。模块式网格能够营造出更加丰富的设计元素空间，它的灵活度取决于每一个信息模块的大小。栏式网格是模块式网格设计的基础，如果每行和每列分割数量都多时，则模块数量增多，反之亦然。但是模块式网格不能过多细分，否则将会出现信息混乱、版面缺少呼吸空间、忽略重点信息等问题。

在设计实践中，如果需要呈现复杂信息的时候，要考虑简洁、可读性，空间和多样化，将一些复杂的信息分解成便于管理的小块，使设计更加清晰。我们在使用模块式网格进行设计时，不需要将每一个模块都填满，对于模块式网格要学会灵活运用，模块既可以是大的也可以是小的，模块之中可以容纳文字、色彩等多样视觉元素，也可以填充白色空间，所以模块式网格并非看上去那么复杂。模块网格填充的空间取决于需要填充的信息量，但是要确保所填充的重要信息一目了然。一个模块的美丽之处，在于它没有必要设计的方方正正的，在一个连续的模块中我们可以改变一下它的尺寸、规格和图案、颜色，从而保持版面的秩序和愉悦感。

4. 网格设计对书籍版式的重要作用

（1）网格设计中的书籍视觉元素整体性。网格设计是保证页面内视觉元素有序排布的重要方法，页面内视觉元素的形状、大小很容易在阅读走向上对阅读者产生视觉影响，读者在阅读时会产生阅读惯性，而这种惯性最直观的体现就是文字、图形、色彩等视觉元素的规律排布，按照网格的基本排列规律，分析实际内容细节，建立完善的网格，才会使设计看起来整洁、高效，充满韵律感和节奏感。

书籍设计并非简单的书籍表皮打扮，而是由封面、环衬、扉页、序言、目次、正文体例、文字、传达风格、节奏层次，以及图像、空白、饰纹、线条、标记、页码等组成的内在组织体。所以书籍设计绝非简单的文字解说，或者虚有其外包装，而是由多种相关设计视觉元素相组合而成的，由内到外，由表及里的设计。在进行书籍设计时只有对各视觉元素整体把握，才能使书籍设计的外在美感和所蕴含的内在文化完美融合，使书籍设计成为与读者之间共鸣的精神栖息地。

网格设计作为书籍版式设计的重要方法之一，不仅可以组织版面的设计空间和信息，也可以为整个书籍版式设计作品提供规划。网格设计的使用规定维持了书籍视觉元素的秩序，使版面更加清晰化、有序化，而且将网格划分为大小不等的单元网格的综合利用，也使版面更加丰富，具有设计美感。曾领导英国“工艺美术运动”并开创了“书籍之美”理念的威廉·莫里斯曾指出“书不只是阅读的工具，也是艺术的一种门类”。他的代表作《乔叟诗集》引用了中世纪手抄本的设计理念，将文字、插图、活字印刷、版面构成综合运用为一个整体，这本书是他所倡导的“书籍之美”理念的最好体现，被认为是书籍装帧史上最杰出的作品。

网格设计应用于书籍版式设计，就是将书籍中的文字、图形以及其他相关视觉元素放置于版面有限的网格空间中，在分配好的网格空间中不断改变视觉元素的方向、大小以及各视觉元素之间的比例关系，从而保证了书籍版式设计中各视觉元素的整体化、清晰化，不仅增加了书籍信息的可信度，而且使版面在整体有序的同时灵活多变，具有视觉美感。

第一，文字与图片的整体把握。文字作为一种有着巨大生命力和感染力的设计元素，有其他设计元素以及设计方式所不可替代的效果，文字所表现出来的特点，对构建书籍版式设计的美感起着重要作用。文字除了具备传播文明的功能之外，还具有独特的审美价值，文字不再像以前那样被动地当成一般的文本，而是积极参与设计，使之提升到表现视觉设计美感的境界。

图片也是书籍版式设计中重要的视觉元素。中国自古就有“图书”一词。叶德群《书林清话》中曰：“古人以‘图书’并称，凡书必有图。”图片作为书籍设计中传达文字内容的重要设计要素，它的最主要的任务是对相关文字内容做清晰的视觉说明。图片对书籍设计起到装饰和美化作用，相对于较为晦涩的文字而言，图片具有可观、可读、可感的优越性。同时还具有易识别的优点，在理性之外又富有幽默感和趣味性。在进行书籍设计时，有效合理地运用图片，通过图片自身强化表达的视觉特性，不仅可以加深读者对书籍内容的印象，而且图片传递出来的趣味性和易识别性也加深了读者对书籍的感受。

网格是保障设计元素间有序组合的基础，在使用网格设计时，灵活地组合网格，合理地分割网格，有规律地突破网格，都可以使版面更加活跃，美观。如何将文字与图片合理的放入网格空间中，在保持理性控制的前提下，使整个版面变化丰富，灵活，具有视觉美感，这就需要设计师充分考虑设计内容和视觉元素的重要性。

将文字放置于网格设计中进行设计，就需要充分考虑网格设计的栏宽，栏宽的设计不仅是设计或者形式的问题，它还涉及文本的易认性。对于正常的印刷品而言，我们的眼睛与它的阅读距离一般为 30~35cm，网格设计中文字太大或者太小都会影响阅读质量，容易产生阅读疲劳感。网格设计通过设置好的单元网格个数，很好地解决了文本过长或过短的问题，在进行书籍设计时文本过长容易让人产生视觉疲劳，文本过短则会因为不断换行分散读者注意力。在网格设计中进行文字设计时，可以采用多种方法对文字进行编排，同时在文字较多的版面可以利用留白这一设计手段，网格设计中的标题与正文之间、正文与注释之间，文本的段落之间都可以适当使用留白，这些留白可能是一行或者几行，也可以是几个单元网格，因为只有这样的方法才能保证文本与分栏总是对齐的。同时，在网格内对文字的不同编排方式，还可以使整个版面更加灵活，但是具体的编排方式要根据具体情况来定。

网格设计中的图片对增加书籍版面趣味性、整体性发挥着重要作用，图片置于网格设计中可以是半列、一列或者两列。还可以通过打破网格以增加戏剧效果，从而引起读者对图片的关注。同时网格设计中图片的大小也很重要，网格设计是与数字严格相关的，所以网格设计是一种精确、严谨的设计手段，网格设计可以将图片精简到几个相同的大小，也可以通过放大个别图片来凸显内容的重要性。网格设计中的图片可以有插画、手绘制图、图表等，将不同的图片放置于网格空间中的处理方式基本上相同，对于没有明显边框的，可以将它们放置于网格中进行裁切，并用浅色调的背景作衬底，这种解决方式不但能使插图保持稳定性，还可以使插图与网格的关系更加紧密和协调。与没有明显界限的图片相比，有明显界限的图片处理起来要相对简单一些，一幅几何形状的封闭式图片通常能更好地融入网格和文本之中，如果置入的图片与文本栏的宽度相同，那么就很容易与文本融入网格设计整体中。网格设计中图片的尺寸和形状并不是最主要的，重要的是如何组织图片并将它们融入整个网格设计中，使画面在保持清晰、有序的同时还具有视觉美感。

第二，虚实空间的组合。在书籍版式设计中所形成的“虚”空间和编排内容所形成的“实”空间同等重要，在整个版面中二者相互扶持，相得益彰。在中国传统美学上有“计白守黑”这一说法，在版式设计中空白作为一种无形的语言，是一种大美的体现。版式设计中虚实对比的关系是互动的，在整个版面中如果编排的设计元素增加，那么空白空间就会减少，反之亦然。虚实的对比往往能使版面层次更丰富。

在网格设计中，虚空间与实空间的形式、大小、比例，决定着版面的质量。网格设计的使用为设计元素构建了一个围栏，既保证了版面视觉元素的整体、清晰、有序，同时使版面内部设计更加灵活多变，具有设计美感。将不同的视觉元素相组合放入有限的网格空间中，可以使各视觉元素之间紧密相连，产生直接的视觉关系，同时将版面中不同的视觉元素通过不同的编排方式组合起来，就使版面产生了韵律感和节奏感。将版面中的视觉元素组合，其视觉元素构成数量就会被简化，在这种情况下所形成的虚空间或未被利用的空间区域就得到了强化，鲜明的视觉秩序感就会建立起来。

在网格设计中，适当的有个性特点的留白，可以使版面形成一定的节奏感和韵律感，成为版式设计独特风格的重要组成部分。中国艺术就很讲究留白，中国画论上说“虚实相生，无画处皆成妙境”，“密不透风，疏可跑马”。所以，在中国的版面设计理念中的“空无”有着中国文化精神的特定内涵。网格设计所构成的虚实空间中，一实一虚，形成了视觉美感。在设计实践中，我们很容易忽视虚空间的设计，只注重对实体空间的编排。但实际上过分注重文字，图形等实体视觉元素的编排，会使读者产生视觉疲劳感，同样，在进行设计时，对于虚空间的使用我们也要把握适度原则，虚空间坚决不能过分滥用，不能单纯为了“效果”无谓地制造空间。因为过大的空白在版面中不但不美，而且不利于读者阅读，所以留白一定要掌握“度”，注重使用与审美的统一。

网格设计的使用有利于虚实空间更加有效的利用、合理的分配。网格设计使版面中的各视觉元素变得更加整体、清晰、有层次，而且将不同数量的单元网格中的视觉元素进行组合，减少了视觉构成元素的数量，使结构简化。同时视觉元素的有效组合也强化了虚空间，使版面看起来疏密得当，张弛有度。在网格设计中虚实空间的有效利用，使版面整体有序的同时，也创造出一些动态效果，使版面具有节奏感和韵律感，充满灵活性。

第三，相关视觉元素与四边的关联。在已经设置好的网格中进行书籍版式设计，其视觉元素的安置关键是如何形成或创造空间，在进行书籍版式设计时并非只有一个元素，有强、弱、大、小等不同的元素，版面设计是将插图、摄影、文字等大量元素集于一个场所的设计，是对其在整个网格中进行全面的审视、分析、排列、重合的过程。所以文字、图像、符号等信息元素能合理的游历于版面空间，是依据重要的网格设计原则。在网格设计中处理好相关视觉元素与四边的关联，可以创造出一个和谐的内部结构。

在整个版面中四边所形成的框架就相当于一个最大的单栏网格，通过这个框架我们才可以分出双栏、三栏或者模块式网格，在网格设计中如果构成整个版面的视觉元素较少的话，则整个版面的虚实空间就会增大，在这种情况下如果各视觉元素与四边脱离关系，同顶端线和底端线没有任何关联的话，整个版面就会呈现一种沉重又毫无生气的感觉。反之，如果视觉元素与四边有关联的话，那么整个版面看起来就会更加稳定，同时使虚实空间所占比例得到改善，整个版面的空间就会被激活，看起来就会更加舒展。

在考虑网格设计中相关视觉元素与四边的关联时，要充分、合理地利用相关视觉元素，在进行设计时不能将所有的视觉元素全部都放置一边，这样会导致版面出现向左倾或向右倾的现象，而且人们的视觉中心点将会发生偏移，这使读者的眼睛离开了整个版面，从而影响的整体设计，所以我们要利用好视觉元素与四边的关系，对于一些较长或占面积较大的视觉元素，我们可以将其放在底部，使其与底端相连，这样不仅稳定了版面，而且为版面中其他视觉元素提供了可利用空间，但是放入底部并不是保持版面稳定的唯一方案，具体要依据版面需求来定。对于版面中一些灵活的视觉元素，我们要学会充分利用，因为它既可以与四边相关，也可以脱离四边，版面的灵活元素可以是起点也可以是终点。它对整个版面的视觉元素的组织和平衡起到重要作用，如果我们将这个灵活的视觉元素放入字行中间时，既隔离了字行也对字行起到了组织作用，避免了文字过长而产生的视觉疲劳感。如果让其远离文字，就会吸引读者目光，控制视觉顺序，从而对整个版面起到一个平衡作用。所以在处理好视觉元素与四边的关系的前提下，利用好网格设计版面中的灵活视觉元素，不仅可以使版面产生平衡感，而且可以激活空间，使整个版面活跃、灵动起来，同时产生视觉张力，使版面具有设计美感。

（2）特殊情况下的网格设计。第一，书籍特殊页设计。书籍设计是一种关于营造出书籍外在美的物性构造和突出书籍内涵信息传递的理性思考的综合学问。依据美观、方便、实用的原则对书籍的开本、大小、装订方式等进行物性的构造，完成书籍的外在构成设计，可以使书籍具有直观的、静止的造型之美。

我们在进行书籍设计时，考虑到书籍的实用性和内在的造型美，经常会设计一些跨页或者“拉页”，这些特殊页的设计不仅可以使书籍保持内在的造型美，同时也增加了与读者之间的互动性。书籍有特点的跨页或者“拉页”不仅可以缓解人们在阅读时产生的疲劳感，营造出一个宁静的范围供人思考。同时，特殊页的设计能够给人较强的视觉冲击力，凸显了设计内容。

然而，在进行书籍版式设计时，并不是所有的建立好的网格都适合书籍中特殊页的设计。网格设计是一种“万变于规矩之中”的设计方法，但是规矩有优点也有缺点，所以当我们面对特殊页设计时，就要学会打破已经构建好的网格。

第二，把握书籍整体设计韵律。对于特殊的版面设计，我们可以适当地打破原有的设计格局，但是要根据设计需要进行改变，把握书籍的整体设计韵律，在做改变的同时要掌握整体设计格局，尽量不要过多地破坏原有的设置好的网格格局。

5. 网格设计的常见方法

（1）二十式、三十二式网格设计方法。利用二十式、三十二式网格进行设计，可以产生多种版面组合的可能性。利用二十式、三十二式网格进行设计，要合理放置正文、标题、图注和图片，创造出一种令人满意的视觉关系。通过对版面中视觉元素的编排，确立视觉层级关系，加强设计的秩序感，读者能够一目了然地看到所要传达的各种信息。也就是说通过特殊的编排方式来强调文字和图片等视觉元素，使读者的眼睛按照设计师的引导自然地去阅读版面。实际上，一种单元网格相对较少的网格系统，就可以创造出非常多的不同的排版方式，利用网格设计进行书籍版式设计时，只要设计师按照逻辑去编排版面就能保持版面的美观，版面就会变得更加生动有趣。当然在进行设计时我们不能只追求不断的变化而进行设计，这样容易出现插图自由堆积、单调乏味、版面信息要素没有联系等情况。

二十式网格极大扩展了编排的可能性，展示了二十式网格不同区域大小的利用。在单元网格里，我们可以合理放入不同大小的图片、表格等设计元素，同时，在设计时如果需要在页面中加入多出来的图片或者文字，我们完全可以在页面上加入一个页面，并加入一个底色，这样不仅可以展示多出来的信息，同时还保证了原有信息不被破坏。

二十式网格的灵活度较高，在面对大量文字的编排时，同样可以很好解决编排问题。但是我们要注意，在使用网格进行设计时要精确计算所需的数据，因为网格的大小与栏宽及字号有着密切联系，正文字体的字号不仅需要与单元网格的大小相协调，而且还影响着标题、副标题以及图注的字号。同时，在涉及大量文字的排版时要注意适当留白，标题与正文之间、文字与段落之间、正文与注释之间都可以适当留白，留白可以是几行也可以是整个单元网格，因为只有这样才可以使文本与分栏总是对齐的，这样的留白方式不仅保证了文字不被丢失，同时保证了整个版面的清晰、有序。适当的利用留白，不仅可以使整个版面变得轻盈、通透，而且很好地隔开了版面文字，使大量的文字信息更易读。

二十式网格之所以具有较好的灵活性是因为它的不同组合较多，二十式网格可以组成大小不等的横图与竖图，同时网格中有明显的、清晰又具有功能性的线框。竖图可以给人一种力量感，在实际设计中如需要竖图来表达这些特性，就必须要选用合适的图片来进行设计。但是，在进行设计时，要注意各视觉元素之间的留白，清晰地区分版面的各种视觉元素，不仅可以使读者的眼睛更容易识别和理解版面中的信息要素，也可以防止版面中各视觉元素之间的编排出现信息混乱的现象。

二十式格网格设计方法可以合理安排设计元素，通过图片与文本的结合使版面看起来清晰有序，增加了版面信息的可靠性。不同的设计内容所展现的网格设计编排方法不同，是否需要对图片进行合成、拼贴或裁剪，取决于不同的工作性质对版面的要求，通过图例我们可以看出在相同网格数量的版面中，通过对视觉元素的不同处理版面设计也呈现出多种可能。所以丰富的版面变化离不开优质的图片与字体款式，字号大小以及字体粗细等一系列视觉元素，同时这些设计元素为设计师提供了一个发展才能的空间。

相对于二十式网格设计，三十二式网格设计可以为设计师提供更多的可能性，同时极大扩展了版面变化。随着所设置的单元网格数量的不断递增，我们可以看到更为精妙的版面变化，从而可以创造出更为丰富的版面结构。同时设计元素的不断变化也会成为优秀的设计资源，如图片的大小，图片颜色变化，文字样式，字号大小等。

三十二式网格提供了更为丰富的空间布局，如果要将大量的小尺寸图片置入一个限定的版面中，那么三十二式网格设计就会显得非常有用。尤其是对于那些需要展示更多的图片信息时的设计，三十二式网格就可以提供非常多的编排方案，使不同类型的版式设计更加丰富。同样，在使用三十二式网格时如果想让版面保持清晰有序，又不丢失设计美感，那么就需要高度的自律性，合理地安排每一项设计元素，使其在版面中发挥最大作用。

在实际设计案例中，三十二式网格版面变化是多样的，我们可以只利用一列单元网格，同时也可以跨越不同的单元网格进行设计，以及利用单个的单元网格填充设计元素。如果我们将所有的图片格式进行组合，那就会产生非常多的可能性。另外，我们改变版面文字的大小、粗细等，视觉传达设计的范围将会进一步扩大，再加上图片和文字、色彩等相关设计视觉元素，那么整个版面的呈现将会是丰富多彩、充满变化的。这就证明在设计实践中，我们需要花更多的时间来考虑选用怎样的字体、字号、行距等，我们要根据所需内容，建立一个贯穿始终的网格设计系统，从而保证版面中各视觉元素、无论在何时出现都能被清晰的识别，这样才能使设计作品既保证了其功能性，同时充满了活力。

（2）复合式网格设计方法。如果版面需要设计的视觉元素更加复杂，我们就需要利用复合式网格来进行设计。书籍、图册、期刊等设计都会用到大量大小不同的图片，这就不得不借助更精密的复合网格来帮助设计。采用了十六式和二十式的复合网格设计方法，文本与插图严格对齐，内文字号相同，插图的编排非常具有节奏感，网格设计所留出的栏间距，使图与图之间的间隔所产生的留白更加突出，增加了视觉美感，保证了版面的清晰。

6. 网格设计的具体表现

（1）纸张的尺寸比例研究。版式设计通常是从纸张尺寸设定开始的，只有确定了设计的空间范围，才能开始进行创作设计。根据阿尔贝蒂的理论，比例是以各部分之间或部分与整体之间的关系为基础的，这些关系的精髓就是和谐统一。但不协调作为和谐统一的某种延伸形式依然存在。纸的尺寸和比例自身是不能产生美感的，只有通过所有视觉元素的结合才能产生审美欣赏的对象。就版面设计而言，这意味着所有元素的结合：字体、形式的选择，其他图形元素如插图、墨色、纸色、结构的选择，最终是印刷区域的关系，以及纸的尺寸和比例。

纸张的尺寸是由纸本身的纬度和各边限定的。从有理数、整数的比例尺寸，如 1：2、2：3、3：4，到那些以圆结构为基础的无理数比例数，如黄金分割比例 1：1.618，或者德国工业标准（DIN）尺寸比例 1：1.414。德国工业标准尺寸范围的基础是 AO = 841×1189mm，不断将长边对折分割不会改变原比例关系。当 A4（210×1.4 = 294mm）纸面被对折，就会产生 A5（148×210mm）纸，比例为 10：7.7。标准的德国工业标准尺寸比例是不能被近似值 5：7（= 1：1.4）所替代的，因为如果大些尺寸的数字计算，例如，以 210mm，就会同真正 A4 纸有 3mm 的极大的误差（210×1.4 = 294mm）。用一个不足量的数字来代替这个因素会使整个德国工业标准系列尺寸失去其复杂性的构成性。在实际使用过程中，感光尺寸的比例不会给人们带来任何算术问题，因为这些尺寸一旦被确定，便被各个国家广泛接受，甚至是在工业领域之外。纸的比例和尺寸有无穷的变化，常用的尺寸比例也是从 1：3 到适用于各种图形设计的尺寸，形式多样。然而对于比例为 1：1.414 的 A 号纸张的特别使用，毋庸置疑是因为在印刷领域有着某种技术上、经济上的优势，这种优势还有巨大的发展潜力。

19 世纪一些没有艺术偏见的人们进行了一个以科学为基础的实验，据说他们发现了一个最美比例的客观答案。似乎这个实验再次证实了那个被公认的黄金比例的美，1：1.618。但令人惊讶的是，这条比例法规很少被用于印刷排版上。例如，通常在小手册的印刷排版中，并非使用黄金比例，而是它的临近整数——比例 3：5（1：1.667）具有更高的独立价值。相当数量的“常用”尺寸使我们不必拘泥于“漂亮的”黄金比例或是“经济的”德国工业标准尺寸。一系列的德国工业标准尺寸常被用于商用信纸、商业公文或者各种信息的印刷品，还被用于各种大型机械流水线和标准化印刷设备的印刷。但是对书籍、展览目录、个人印刷品、小型海报和其他一些类似的印刷品来说，个性化的比例和纬度就大有用武之地了，当然这种个性化也不是完全自由的——它还要受机器尺寸的限制。如果排版过于朴素，纸张储存的那种抽象的、无制约的美几乎是无从谈起的。比例可以造就各个方面中完美意义上的“正确”或“美丽”，然而，图片和文字的某种比例的整合仍能够产生不和谐、不平静、紧张感或冲突感。和谐与不和谐是一对美学范畴，他们彼此定义着对方，并以其相辅相成的关系建构审美意义上的完整。印刷品的比例和纬度同样受实际情况的制约，版面设计作品的美最终取决于审美和技术的综合考虑，也就是“各部分的协调一致”（阿尔贝蒂）。

（2）纸张最常见的四种规格。①正度纸：长 109.2cm，宽 78.7cm。②大度纸：长 119.4cm，宽 88.9cm。③不干胶：长 765cm，宽 535cm。④无碳纸：有正度和大度的规格，但有上纸、中纸、下纸之分，纸价各有不同。

（3）纸张最常见的名称。印刷品的各类繁多，其使用的要求以及印刷方式各有不同，故必须根据使用与印刷工艺的要求及特点去选用相应的纸张。现将一些出版常用纸张的用途、品种及规格介绍如下，供设计人员、出版业务人员参照选用。

第一，凸版纸。一是凸版纸是采用凸版印刷书籍、杂志时的主要用纸。适用于重要著作、科技图书、学术刊物、大中专教材等正文用纸。凸版纸按纸张用料成分配比的不同，可分为 1 号、2 号、3 号和 4 号四个级别。纸张的号数代表纸质的好坏程度，号数越大纸质越差。

二是凸版印刷纸主要供凸版印刷使用。这种纸的特性与新闻纸相似，但又不完全相同。由于纸浆料的配比与浆料的叩解均优于新闻纸，凸版纸的纤维组织比较均匀，同时纤维间的空隙又被一定量的填料与胶料所充填，并且还经过漂白处理，这就形成了这种纸张对印刷具有较好的适应性。与新闻纸略有不同，它的吸墨性虽不如新闻纸好，但它具有吸墨均匀的特点；抗水性能及纸张的白度均好于新闻纸。

三是凸版纸具有质地均匀、不起毛、略有弹性、不透明，稍有抗水性能，有一定的机械强度等特性。

第二，新闻纸。新闻纸也叫白报纸，是报刊及书籍的主要用纸；适用于报纸、期刊、课本、连环画等正文用纸。新闻纸的特点有：纸质松轻、富有较好的弹性；吸墨性能好，这就保证了油墨能较好地固着在纸面上；纸张经过压光后两面平滑，不起毛，从而使两面印迹比较清晰而饱满；有一定的机械强度；不透明性能好；适合于高速轮转机印刷。这种纸是以机械木浆（或其他化学浆）为原料生产的，含有大量的木质素和其他杂质，不宜长期存放。保存时间过长，纸张会发黄变脆，抗水性能差，不宜书写等。必须使用印报油墨或书籍油墨，油墨黏度不要过高，平版印刷时必须严格控制版面水分。

第三，胶版纸。胶版纸主要供平版（胶印）印刷机或其他印刷机印制较高级彩色印刷品时使用，如彩色画报、画册、宣传画、彩印商标及一些高级书籍封面、插图等。胶版纸按纸浆料的配比分为特号、1 号和 2 号三种，有单面和双面之分，还有超级压光与普通压光两个等级。胶版纸伸缩性小，对油墨的吸收性均匀、平滑度好，质地紧密不透明，白度好，抗水性能强。应选用结膜型胶印油墨和质量较好的铅印油墨。油墨的黏度也不宜过高，否则会出现脱粉、拉毛现象。还要防止背面粘脏，一般采用防脏剂、喷粉或夹衬纸。

第四，铜版纸。铜版纸又称涂料纸，这种纸是在原纸上涂布一层白色浆料，经过压光而制成的。铜版纸主要用于印刷画册、封面、明信片、精美的产品样本以及彩色商标等。铜版纸印刷时压力不宜过大，要选用胶印树脂型油墨以及亮光油墨。要防止背面粘脏，可采用加防脏剂、喷粉等方法。铜版纸有单、双面两类。

第五，画报纸。画报纸的质地细白、平滑，用于印刷画报、图册和宣传画等。

第六，书面纸。书面纸也叫书皮纸，是印刷书籍封面用的纸张。书面纸造纸时加了颜料，有灰、蓝、米黄等颜色。

第七，压纹纸。压纹纸是专门生产的一种封面装饰用纸。纸的表面有一种不十分明显的花纹。颜色分灰、绿、米黄和粉红等色，一般用来印刷单色封面。压纹纸性脆，装订时书脊容易断裂。印刷时纸张弯曲度较大，进纸困难，影响印刷效率。

第八，字典纸。字典纸是一种高级的薄型书刊用纸，纸薄而强韧耐折，纸面洁白细致，质地紧密平滑，稍微透明，有一定的抗水性能。主要用于印刷字典、辞书、手册、经典书籍及页码较多、便于携带的书籍。字典纸对印刷工艺中的压力和墨色有较高的要求，因此印刷时在工艺上必须特别重视。

第九，毛边纸。毛边纸纸质薄而松软，呈淡黄色，没有抗水性能，吸墨性较好。毛边纸只宜单面印刷，主要供古装书籍用。

第十，书写纸。书写纸是供墨水书写用的纸张，纸张要求写时不洇。书写纸主要用于印刷练习本、日记本、表格和账簿等。书写纸分为特号、1 号、2 号、3 号和 4 号。

第十一，打字纸。打字纸是薄页型的纸张，纸质薄而富有韧性，打字时要求不穿洞，用硬笔复写时不会被笔尖划破。主要用于印刷单据、表格以及多联复写凭证等。在书籍中用作隔页用纸和印刷包装用纸。打字纸有白、黄、红、蓝、绿等色。

第十二，邮丰纸。邮丰纸在印刷中用于印制各种复写本册和印刷包装用纸。

第十三，拷贝纸。拷贝纸薄而有韧性，适合印刷多联复写本册；在书籍装帧中用于保护美术作品并起美观作用。

第十四，白版纸。白版纸伸缩性小，有韧性，折叠时不易断裂，主要用于印刷包装盒和商品装潢衬纸。在书籍装订中，用于简精装书的里封和精装书籍中的径纸（脊条）等装订用料。白版纸按纸面分有粉面白版与普通白版两大类。按底层分类有灰底与白底两种。

第十五，牛皮纸。牛皮纸具有很高的拉力，有单光、双光、条纹、无纹等。主要用于包装纸、信封、纸袋等和印刷机滚筒包衬等。

7. 网格在版式空间中的构成形式

所有的矩形都是由正方形分割而来的，矩形可以有无数种形式。因此以最简单的正方形页面为例，来诠释以下的网格最基本的表现形式。

（1）构成要素与程序。一个三栏加三排的结构，就是研究肌质和构成的版面。一个简单的格状结构提供了一个探索各种变化的开阔空间——在一个得到了控制的、组织起来的空间内进行探索。由于现在这个版面是一个方形状，所以视觉注意力会集中在其内部构成，而不是它的形状和这个版面的比例。

（2）限制与选择。首先，在水平系列中，所有的矩形要素必须保持水平。在水平、垂直系列中，所有的矩形要素必须或为水平或为垂直。在倾斜系列中，所有的矩形必须同样倾斜或对比性倾斜。其次，所有的矩形要素都必须使用，不能有矩形要素超出这个版面。再次，矩形要素可以差不多相切，但不能重叠。由于这是一个版面的构成，所以，对于创造一个内部协调的整体而言，这些限制都很重要。因为每个长条都代表一行字，在后面就要用字行取代这些矩形，所有矩形要素的长度要正好吻合一个、两个或三个视觉方块的宽度。

（3）虚空间与组合。在视觉信息中，要素的组合是很重要的。组合使得一种要素与另一要素紧密联系，产生直接的视觉关系。相同和不相同的要素组合在一起就产生了韵律感和节奏感，也产生了大片的肌理感。

虚空间或白色空间，就是那些没有被构成要素占据的空间。这些空间的形状和构成，会对观看者怎样感知版面产生直接的影响。当那些构成要素没有得到组合，每一个周围都是虚空间时，这些虚空间就会杂多，整体构成显得无序、无组织。当那些构成要素组合在一起后，虚空间就变少或变大，一个简化之后感觉上更加协调的整体构成就建立起来。通过组合，版面构成被简化，而虚空间或未被使用的空间区域得到强化，鲜明的视觉秩序感就建立起来了。

（4）四边联系与轴的关系。用好版面的四边对创造出一个和谐的内部结构是至关重要的。如果没有任何构成要素靠近顶端边线，虚空间就会挤压构成要素，整个结构就显得漂浮无根。当构成要素靠近版面的顶端边线和底端边线时，虚空间就会得到最好的利用，虚空间会变大，整个构成会因这种视觉扩展而显得大气。

网格中的构成要素会形成一些轴列。当一根轴出现在结构内部时，就形成了鲜明的视觉关系，结构就有了视觉秩序感。左边线和右边线的轴虽然也能给结构带来秩序感，但在视觉上显得很弱，单独一个构成要素不能创造出一根轴，两个或者更多的构成要素才能建立起轴来，一般而言，呈线性排列的要素越多，轴就会显得越牢固。

（5）三的法则。3×3 的网格构成吻合三的法则，也就是说，当一个矩形或者正方形，被水平地和垂直地分成为三份后，结构中的 4 个交点就是最吸引人的 4 个点，设计师可以使用位置和距离，来决定哪些点在层级感上是最重要的。知晓三的法则，可以让设计师把注意力放在它们会最为自然出现的地方，从而控制构成空间，不必将构成要素直接放在交点上，因为过于靠近会使注意力集中到它们上面。

（6）空间留白。人们对空间习以为常，认为最好是填满它。通常人们都容易忽略它，只有少数人有意识地利用空间形成对比，创造戏剧性的效果，或提供一个视觉休息的地方。空间概念在平面设计中有着十分重要的意义：一是能够增加设计者的视觉思考能力；二是冲击平面设计的习惯思维，使“人性”设计行为渗透人类生活的方方面面。

在二维设计中的空间被称为空白空间，位于文字和图像之后。但它不仅仅只是设计的背景，因为只要设计背景安排得当，总体设计的清晰度和效用性马上成倍提高。而在视觉设计中，最容易被忽略的要素就是空白空间。对空白空间的忽视就是大量丑陋、不堪卒读的设计出现的原因。（丑陋和不堪卒读指的是设计中两个不同的方面，有时候偶尔会同时出现在同一件作品中。丑陋是指物体的美学尺度，衡量我们是否喜欢这个物体。不堪卒读则尤为重要，因为一件不堪卒读的设计是一个彻底的失败。）任何一件设计作品，不管它的目的或特点如何，可读性是决不能忽视的。

空间有利于提高设计质量。设计师常常把空白空间作为一种奢侈品，使设计呈现大气或简洁的特点。对空间留白的理解有很多方式，但不应该把它理解成是一块没有被利用的空白，开放式空间是版面设计的关键工具。它通过在重要元素周围提供个安静的区域来引导视线走向这个重要元素，并为设计增添一份成熟。白色或开放式空间对视觉平衡是十分重要的，不管是对称的还是不对称的平衡，甚至有些字母如果没有空间留白就无法阅读，设计者可以把空间留白想象成心灵的一个避难所，每天至少需要花几分钟来清理自己的大脑和进行思考。但如果空白空间只是作为一种公式或技巧的话，就会被疑为浪费、自大或故意显得胜人一筹。

8. 网格构成重复利用的方法

在构成网格以便可重复利用时，具体有以下策略。

（1）参考十分欣赏的杂志或其他出版物的网格系统。可以先把它们按原尺寸复制下来，用描图纸和彩色铅笔把自己认为存在的网格线条描摹下来标明栏目边线、底组页码的位置、照片的位置等，然后把同一张描图纸移到另一份版面设计上去，看看有没有一致的网格布局，如果有的话，记录下来然后再把它移到第三份设计上去，重复这一过程，通过这种分析（可尝试不同的出版物）会发现哪一个是最基本的网格结构。设计师是如何把它制作成不同的版面形式的，这有助于个人网格系统的形成和发展。

（2）以上方法也可用于自己的设计作品。如果某人设计了一份作品但不知该如何扩展成一个网格系统，那么可以用描图纸描下 75%的网格线条，再把它移到第二份版面设计上去，以此类推不断地进行前后比较，看看哪些有效，哪些不起作用，直到得出最后的网格系统。通过这种方法可以设计出自己的网格系统。

（3）如果是设计一份内在的或单一使用的网格系统，那么可以先从某一元素着手，如标题字体可提供左右垂直网格线条，也提供水平坐标。利用这些指导性标记来安置其他元素，直到找出另一根网格线条，然后利用某一新的元素去找出更新的网格线条的位置，这个方法可以和前面提到的方法一起使用。

（三）书籍插图设计

插图也称插画，是书籍艺术的重要组成部分。它是插在文字中间用以说明文字内容的图画。插图作为现代设计的一种重要视觉传达形式，以其直观的形象性和展示的生活感以及美的感染力，在设计中拥有重要的地位。随着经济文化的迅速发展，作为书籍装帧组成部分的插图，其形式、结构、基本格式、表现手段等越来越丰富多彩。在现代的各种出版物中，插图设计已不仅仅是“照亮文字”的陪衬地位，它不仅能突出主题思想，还能增强艺术感染力。

插图作为书籍装帧设计的重要组成部分，是占有特定地位的视觉元素。通过欣赏插图，读者能够感受情感的传递，引起与读者的共鸣和心灵上的沟通。所以为了使插图形象化，设计者要反复而细致地领略书籍的精神内涵。插图始终应以书籍的知识、信息内容的传递为设计诉求目标，如果偏离了诉求目标，而不能准确地传达信息、传达其书籍的思想内涵，那就失去了它的诉求机能。作为一种特殊的艺术语言，插图可以使阅读省力，吸引读者的注意力。书籍设计中的插图，将其进行形象思维的理性夸张，可以补充甚至超越文字本身的表现力，产生增值效应。

现代书籍的插图包括封面、封底的设计及正文的插画，分类形式丰富，广泛运用于文学书籍、科技书籍以及少儿书籍等。科学技术的不断进步发展以及和艺术的结合，多元化的艺术形式给插图创造了丰富的视觉表现手段与形式，给插图以广阔的想象空间。插图可以采用各种表现手段与形式，如抽象形态、具象形态以及摄影、绘画、漫画、剪纸、卡通等，这些都有利于信息的快速传达。

1. 书籍插图设计的性质

(1) 从属性。插图自诞生以来就受到种种制约和限制。从插图的应用功能而言，它不能离开书籍而独立存在，是书籍设计的一部分，既然它依附于书籍，那么它就要与书籍装帧的整体设计相一致，创作出的插图样式要与全书的整体风格相协调，与书籍的装帧设计相契合。这种限制就是它的从属性。同时，插图从属于文学作品的主题和内容，这是不言而喻的，以文学作品中描写的某些情节作为创作的基本依托，要符合文学作品的总体精神。另外，必须考虑插图的表现形式与书的文字、纸张、印刷等之间的相互关系。这诸多的制约给插图画家创作带来了种种难题，但也正是由于这种种限制显示了插图创作独特的风格形式。

(2) 装饰性。无论插图的风格形式如何，对书籍装帧的整体效果而言，它对书本身无疑将起到装饰美化的作用。黑白插图与黑体的文字自然天合，易协调一致。当然，彩色的插图会打破满版的黑色文字的单调感，带来活跃视觉心理的效果。写实直观的插图与人们沟通起来有着较多的共同语言，因为这种艺术语言本身是通俗易懂的，很容易将读者带进小说的意境中去。至于插图造型语言的繁简，不能一概而论，一片云、几只飞鸟或随意画出的几条线，似与不似，穿插于呆板的铅字中，有时倒显出特别的韵味。此外，从插图自身的形式和风格上来看，一些插图的样式本身就带有较强的装饰性，如不注重三度空间表现的平面装饰风格的插图，这种插图无疑易与书籍和谐统一，当然也有一些装饰性较弱的插图，如写实类的插图，但无论是装饰性强的还是装饰性弱的插图，都在书中起到了装饰作用，增加了文字的视觉感，增加了出版物的艺术氛围，吸引了读者。

2. 书籍插图设计的意义

插图是人类最古老的绘画形式之一。古籍的插图很普遍，几乎是无书不图。我们常称赞一本好书用的词就是“图文并茂”。插图的出现从印刷术的发明开始，自15、16世纪兴起后，经过几个世纪的发展，经历了诸多起伏和兴衰。

在进入读图时代后，插图无疑是我们最主要的视觉交流形式之一。插图的艺术表现形式，是通过较强的手绘能力借助于颜料、铅笔、碳笔等一系列绘画化材料在各种纸张、木板、布等材质上画出来的造型艺术。其造型要素基本是点线面构成，风格表现不外乎幽默写实、超写实等。在此基础上还有因为地域的缘故而划分的风格，如美式的漫画风格、日本的传统绘画艺术、曼陀罗手法等。从历史的角度看，作为一种发展了上千年的艺术形式，传统插图有着不可替代的现实意义。无论从现实的情感，还是个人表现手法，以及对于艺术精髓的把握，传统插画的表现似乎比现代艺术更胜一筹。西方的传统插画艺术从中世纪开始经历了文艺复兴、古典主义、印象主义、现代抽象主义的演变，中国的绘画也经历了很多流派的洗礼，所以传统插画有着无法替代的素净和单纯的民族文化特色，具备强烈的人文气息。

从各时期插图的作用来看，插图主要是来帮助读者理解文字，特别是之前认字的人不多，插图就显得格外重要。后来，插图被广泛运用于自然科学书籍、文法书籍和经典作家文集等出版物之中，其作用仍然是对文字的说明，尤其是在医学、天文、机械等领域发挥了巨大的作用。到 19 世纪初，插图随着报刊、图书的变迁进一步发展起来。而它真正的黄金时代则是 20 世纪五六十年代首先从美国开始的，当时刚从美术作品中分离出来的插图明显带有绘画色彩，而从事插图的作者也多半是职业画家，以后又受到抽象表现主义画派的影响，从具象转变为抽象，直到 20 世纪 70 年代，插图又重新回到了写实风格。这个时期的插图内容更多地反映日常生活，同时作为独立艺术作品为读者欣赏。

在文学书籍、少儿书籍、科技书籍等书籍中，插图主要用于书籍的封面、书籍的内页、书籍的外套、书籍内容的辅助等，但这种插图正在逐渐减退。虽然传统出版物受到电子出版物及网络的影响，但我们相信在电子书籍、电子报刊、网络中插图仍将大量存在，因为它是作为文字的补充再现文章情节、体现文学精神的可视艺术形式；让人们得到感性认识的满足；表现艺术家的美学观念、表现技巧，甚至表现艺术家的世界观、人生观，这是读者的基本需求。插图将文章的信息以最简洁、明确、清晰地传递给读者，引起他们的兴趣，努力使他们感知、信服传递的内容，并在审美的过程中欣然接受书籍的内容，激发读者的阅读兴趣。所以，插图在书籍设计中的作用和意义是不可替代的。

3. 书籍插图设计的重要性

书籍插图设计在现代印刷出版中已经成为不可或缺的环节。对于读者而言，插图能够帮助他们更加全面地理解和记忆书籍中的内容，提高阅读效率。同时，插图还可以起到美化页面的作用，增强读者的阅读兴趣。对于出版商而言，插图能够提升书籍的销售量和影响力，有利于扩大市场占有率和提高企业形象。

4. 书籍插图设计的功能

插图的主要功能是用直观的视觉形象作为传递信息的手段，将丰富的内容和内涵以视觉形式简明扼要、生动直观地传达给大众，帮助读者理解文字内容，并达到强化理念、创意和含义的目的。

插图形象化特点的运用与设计来自对书稿的认识和理解，同时融合了设计师的审美与情感。插图的存在是为了更好地烘托书籍所蕴含的氛围，给予读者微妙的想象空间，在潜移默化中影响读者的心理及视觉感受，这也是优秀的书籍装帧设计的魅力所在。书籍中插图的运用及安排要适当，比如在书籍封面设计中，安排色彩过于缤纷、跳跃的图片会扰乱读者阅读书名和封面的文字信息，使读者难以分辨封面所要传达的信息，那么这种图片的运用就丧失了其基本的存在意义。因此，书籍插图的功能侧重于以下几点。

（1）表述功能。书籍插图的表述功能是将文字视觉化，使读者得到更直观、更容易接受的信息的一种艺术形式。

（2）装饰功能。精美、讲究的插图是美化书籍、提升档次、吸引读者的重要手段。

（3）审美功能。书籍插图的审美功能让人们能够得到一种视觉美感和情操的陶冶。

（4）艺术功能。书籍插图的艺术功能就是表现艺术家的艺术观、美学观、审美观。

5. 书籍插图设计的原则

（1）视觉效果：插图是一种视觉语言。设计者应尽力创造出与内容和谐的视觉艺术效果，以表达作者的意图。插图设计要注意尺寸、颜色、形状等方面的搭配，其设计应符合与文本风格相一致的要求。

（2）准确性：插图必须准确无误地再现作者的意图。尤其是书籍中涉及文章、新闻、科技等领域时，插图必须保证准确无误，以增强读者的信任感。

（3）简洁性：插图应该以简单的形式传达信息。插图的展示最好尽量减少多余的元素，使读者更加容易理解书籍的内容。如果插图出现冗杂或顺序不当等问题，读者会因此产生不良体验。

6. 书籍插图设计的技巧

（1）排版技巧：书籍插图出现的部位最好是能够添补文章主题内容的信息展示部位，同时最好与文章紧密结合起来。在插图排版上，要注意与文本的整体结构一致、位置相当等要求。

（2）色彩技巧：插图种类繁多，其色彩方案也需要考虑到不同插图的作用和定位。例如，正式的文学读物，插图不应使用五颜六色或过于炫目的色彩，以免破坏整体的观感。

（3）文字技巧：插图中的文字应该简明扼要，不可过多，否则会引起读者阅读困难。建议在插图中只插入简短的说明文字或注解，详细的说明可以出现在文章中。

7. 书籍插图设计的分类

（1）按书籍的类别分类。

第一，儿童读物类插图。儿童读物指供0—13岁孩子阅读的书籍、期刊、报纸等，儿童读物的插画由插画家专门绘制，为儿童创作的图画是文字的有力补充，能够增加视觉效果和版面亲和力。例如，捷克教育家扬·阿姆司·夸美纽斯编写的《世界图解》一书在纽伦堡出版。这是西方教育史上第一本附有插图的儿童百科全书。我国儿童插图发展比较晚，但是伴随着经济的发展，儿童插图的发展也突飞猛进，很多本土儿童插画师在作品中融入了中国传统元素，作品更有意义和韵味，如著名儿童插画家梁培龙原创绘画精品系列的作品《水与墨的故事》。

第二，文学艺术类书籍插图。文字类插图包括文集、文学理论、中国古诗词、中国现代诗歌、外国诗歌、中国古代随笔、中国现代随笔、戏剧、民间文学等中的插图。艺术类插图包括艺术理论、人体艺术、设计、影视艺术、舞台艺术、舞台戏曲、收藏鉴赏、民间艺术、外文原版书、摄影、美术、画谱、画册、名家作品、字帖、篆刻、音乐、演奏法、演唱法等中的插图。文学艺术类插图要注意对书籍整体气氛的把握，同时要考虑在书籍版式中所占比率的大小。

第三，科学类书籍插图。科学类书籍包括政治、法律、基础理论、工业、电子、建筑、汽车与交通运输、农业、林业、科技、教育，同时还包含历史、动物植物、海洋生物、自然灾害、生态、环境保护与治理、人类、地震、星体观测、海洋、气象、河流、鸟类、昆虫等科普知识。这类插图要表现严谨，版式设计庄重。例如，由中国长城出版社出版的系列图书《万物有灵且美》，插图中几乎没有背景或场景的描绘，也不似通常以素描去突出形体，插图创作者希望描绘一种轻盈质朴、触动人心的美，就像作者书中描绘的生活，它简单、柔软，有时像怀抱果实而满足的松鼠、有时像隐现草丛优雅的小鹿、有时像即将抓住树枝的小鸟。素描图画印刷时加入少量银粉，会使图片更生动透亮，接近铅笔质感。

教材插图是重要的教学资源，是传递知识的第二语言和重要的视觉符号，在帮助学生学习知识、理解教学内容、开拓思路、提高阅读舒适度和学习兴趣方面起着重要的作用。此外，插图不是孤立存在的，要在整体设计的框架中，确定插图内容、风格、色调及在版面中的位置等，保证插图的内容与教学内容的吻合。教材插图的功能性、科学性、艺术性、时代感等方面都是非常严谨的，每幅插图的背后都有大量的史料、资料的支撑。

（2）按插图的表现手法划分。根据插图设计的工具不同，大致可分为手绘插图、摄影插图、电脑制作插图三类。

第一，手绘插图。书籍中的手绘插图强调手绘风格，用的工具通常是铅笔、钢笔、蜡笔、彩铅、水彩、水墨、油画颜料等，手绘插图与文字结合，能够起到很好的辅助和装饰作用。此外，手绘插图以其特有的人性化笔触和画面亲和力得到人们的喜爱。

第二，摄影插图。摄影插图是现代书籍中常用的插图形式，摄影插图以清晰的图形、逼真的色彩、动人的光影吸引着读者的视觉神经。有的摄影插图在版式中直接运用，不经过电脑的任何处理，这样的图像更加真实。但是因为是原图的再现，所以容易给人平庸、呆板的感觉。有的摄影插图要经过电脑的后期处理再运用，这样根据内容的需要搭配的图像更加吸引人，能够打破我们的惯性思维，展现令人耳目一新的版面。

（3）电脑制作插画。计算机的发明带给世界一个全新的变化，设计因为有了计算机而变得更加简单便捷，表现形式更加丰富，画面更加生动有趣。设计师利用计算机，运用 Photoshop、Illustrator、Painter 等绘图、修图软件，加上天马行空的想象力，创作出绚烂多彩的插图作品。电脑绘画与制作能够把传统手法无法表现出来的东西随心所欲地表达出来，为插画的艺术表现力带来极大的提高，因此受到人们的喜爱。

8. 书籍插图设计的编排

（1）版心式。版心式是指图片的大小与文字版心尺寸等同，具有一种大气、流畅的感觉。

（2）满图式。满图式是指图片充满整个页面，以图像为视觉诉求点，视觉冲击力强，饱满，引人注目。

（3）断文式。断文式是指图插在文字间，占据部分文字版面，断文式的编排中图片与文字的设计比较随意，给浏览者轻松愉快的心理感受，但是在页面中要考虑块面关系，避免形成不连贯或混乱的版式。

（4）串文式。串文式指图插在文中，占据文字版面的一角，图的上下可以编排文字。要注意的是图片与文字应留一定的空白，否则会造成版面拥堵的感觉，影响视觉效果。这种排版方式比较常见。

（5）重叠式。重叠式是利用版面的大小，在适当的位置根据版面设计需要将多张图片或图片的局部通过重组、虚实等形式排列。

（6）骨骼式。骨骼式是我们常见的编排方式，是指图文的排列遵照分割的网格进行填充，具有很强的序性。在版面中更多的是体现一种规范合理的思维方式，给浏览者一种井然有序的感觉。

（7）出血式。出血式是指将图片或图形延伸到页面边缘或裁剪线之外，覆盖到整个版面的边缘，以便在印刷或设计中产生更加有冲击力和视觉效果的效果。这种设计技术可以通过将图像或图形扩展到页面边缘以外的区域，创造出一种无边界的感觉，使设计更具吸引力和戏剧性。

(8) 上下分割。上下分割是版式设计中较为常见的形式. 是将版面垂直分割成上、下两部分，一部分排列图片，一部分排列文字，图文上下分割的版式清晰简明。

(9) 左右分割。左右分割与上下分割相反，将版面水平分割成左右两部分，一部分放置图片，一部分放置文字，这样的分割形式给人们以崇高肃穆之感。

(10) 斜向分割。斜向分割是将图片倾斜或将画面斜向分割，较之上下分割更为生动活泼，因为斜线产生动感，对于汽车等以速度见长的商品或较为呆板冷漠的商品进行倾斜分割配置，会增加画面的灵动性。

总而言之，在书籍设计的插图版式编排中，主题的表现与设计排版的结合，构成了内容与形式的完美统一，在编排设计中创意的实现和图文的巧妙结合使设计作品具有更强的可读性与观赏性。

9. 书籍插图设计的艺术特征

(1) 儿童读物插图的艺术特征。儿童读物是文学的一个分支。儿童读物插图设计多用富于夸张性、幽默性、讽刺性、诙谐性的漫画卡通形式，通过丰富的想象力，以拟人化、童趣性、娱乐性、奇特性的个性手法进行创作，凭借新颖的题材、鲜艳的色彩、夸张的形象、有趣的内容来吸引儿童的眼球，打动儿童的心灵，寓教于乐中传递着知识和智慧，潜移默化中培养着情操和审美。特定的读者群决定其特殊的性质：题材广泛、主题明确而有意义，人物形象具体、鲜明，结构单纯、完整，脉络清楚，情节有趣，想象力丰富，语言通俗易懂、生动活泼。这些特点在系列形式插图中最为突出，图像被用来讲述故事，因而视觉叙述起主导作用并贯穿整个故事。儿童读物插图，通过富于想象力的故事情节和智慧的设计吸引儿童，为满足儿童阅读渴望、益智审美以及创造力的发展作出积极贡献。

(2) 文学艺术类书籍插图的艺术特征。文学类书籍中的插图具有三个特征：从属性、独立性和个性。从属性是指它虽然具备造型艺术的一切共性，但也只是造型艺术中的一个画种，有别于独幅画，从属于书籍的整体设计理念。独立性是指插图虽然是为文学作品服务的，但它绝不仅仅是书籍的点缀。个性是指插图画家在创作的过程中，根据自身对文学作品的体验与感受进行独特与深刻的艺术处理，从而赋予作品新的精神内涵。中国古人以图书并称，“凡有书，必有图”，“图”即泛指一切出版物中为主题内容作图解的插图。

艺术类插图的设计形式更是丰富多彩，具有无限自由的表现空间，以想象、夸张、幽默、象征、装饰、具象、超现实、蒙太奇等艺术手段来丰富文字所无法表达的内容，以水墨画、油画、水彩、水粉、版画、剪纸、年画、素描、速写、卡通吉祥物等艺术形式来弥补文字表达之不足，以插图画家自由的个性、强烈的主观意识来体现书籍内容的精神，以形式美感来提升书籍的品位，并使读者获得审美、愉悦的感受。

（3）科技类书籍插图的艺术特征。科技类插图最突出的特点是精准无误。它甚至可以通过工程图、平面图、配置图、构造图、系统图、截面图、透视图、全景图、概念图、线路图、地形图、分布图、表格图、说明图、步骤图等，将材料、质感、肌理、功能、透视、结构、方位、视角、比例、配方等都十分精确地表现出来，其插图设计表现形式丰富多彩。

这类插图以图解、说明为主，表现方法主要有摄影插图和绘画插图两类。其中摄影插图最为普遍。绘画插图则补充了摄影插图之不足，可以从不同角度将内部构造准确、直观地呈现给读者，将局部细节交代得一清二楚。

科技类插图直接提供产品使用方法、产品成分、组织结构等信息。提示性插图能明确、直接地表达特定的商品内容，树立品牌形象；说明性插图能将复杂的文字表述问题转化为直观、清楚、简单的图形。科技类插图一般强调图像的结构、材质及固有色，局部细节也要交代清楚，透视关系不能过于强烈，否则容易造成视觉上的变形。

10. 书籍插图设计的构成分析

（1）插图的构成关系。准确的插图语言可将文字的本质深刻地呈现出来。插图作为书籍信息传播的符号承载者，起着与欣赏者沟通的作用，一个好的图形可胜万言。插图设计师为了让人们对内容产生浓厚的兴趣，总是运用深刻的寓意和充满意境的形态，使观赏者获得全新的视觉感受。在当代设计潮流中，个性鲜明的插图已成为书籍视觉的主体。一幅风格个性鲜明的插图是具有灵性的，它本身就具有文化传播的良好功能，并直接体现出创作者对欣赏者的关注和认知程度。

插图艺术是美化书籍、说明书籍的绘画形式。插图插于文字之中，与文字互相说明，图文并茂，对于读者有很好的吸引力。正是内容和形式在翻阅过程共同发挥作用，才能真正和读者产生互动。

插图作为书籍的一部分，是根据读者的心理需求在内容跌宕起伏处做相应的插入，注重插图与内容之间的节奏，以读者的心理和生理因素考虑接受的最佳时间与空间，以便读者产生丰富的联想。他们是通过组合将构成因素统一起来的，并非简单拼凑，是根据美学形式法则将各个元素有条理地组织起来，构成完美的统一体。插图创作是与书籍的情感联系，使书籍释放出美的意境。插图始终以书籍的信息内容为传达中心，要求准确地传达书籍的思想内涵。插图作为一种特殊的艺术语言，是将形象思维进行理性的夸张、补充甚至超越文字的表现功能，行之有效地对书籍信息进行传播，并赋予审美价值。

插图属于绘画艺术，诉之于视觉。插图与绘画有着密不可分的关系。将绘画运用于书籍开创了新的艺术形式，插图也通过书籍将绘画艺术延伸到了其他各个领域之中，剥离开绘画艺术谈插图，就丧失了艺术的创造力。插图艺术无论在工具运用、技巧表现还是构图、色彩展现等方面，都与绘画有很多相近之处，在艺术观念和思维方式上也与绘画相通。但两者之间也并非完全相同，也有一定差异性。

绘画多以主观画面形象表现为主，插图则是文字与图像的结合。当绘画以插图的形式进入书籍后，文字内容因此具有了更强烈的吸引力，但同时绘画在表现形式上也受到了文字内容的制约。这种制约体现了插图艺术与绘画艺术的不同之处，即绘画艺术可以是纯粹的主观表现，而插图不能偏离对文字内容的诉求这一主线。

插图在当代的应用，更多地服务于商业活动。从这一层面上看，插图与设计就拥有了共同属性。插图艺术创作的规律性和从属性以及目的性，决定了插画在现实中的应用原理。插图艺术与艺术设计之间存在着共性，他们同属视觉传达体系，并在艺术创作中受到传达目的和传播方式的制约。插图艺术遵循着设计艺术的普遍规律，其形式法则具有深刻的视觉美感。

从表现形式上看，插图不等同于设计，插图并不能被设计取代。插图是艺术的一种表现形式，却又存在着独立于设计以外的文化和审美特性，两者互相依存，并为设计门类的应用提供别具一格的艺术形式。

插图和设计都是通过形象表达观念和主题，都需要利用传媒的优势来保证信息的诉求与传递。在形象创造上，插图和设计都是以视觉元素来传达主题信息。在形式上，它们以具象、抽象或夸张的造型出现。在具体表现上，都以绘画式的描绘来组织形象。在传播方式上，两者都需要以媒介来传递信息、制造效应。根据不同的传播特性，以市场为导向，付之于有针对性的宣传策略。

（2）插图构成的重点——图文结合。关于插图，我们通常会有以下问题：插图对于书籍设计在当代是否具有重要性，如果不谈论插图的艺术性，只论其功能性，则如何区别于摄影照片等手段，是否还有存在价值；插图是更在乎其功能性，还是其艺术性，谁更占主导地位。其实图片与插图的区别，无疑就是摄影与绘画的区别。主观想象的装饰和客观能动的记录都可以作为书籍设计的手段。总而言之，还是要回到绘画的优越性。目前，对于插图艺术方面的研究占主流。绘画与文字的关系、插图与图书的关系、插图设计与书籍设计的关系、插图结构与版式结构的关系，将从何入手？在此类问题上研究的成果微乎其微。因而问题回到如何从书的设计中体现插图的优越性，或者何种形式的插图能在书籍设计中更好地体现出来。插图的成功在于一种观念从一个媒介到另一个媒介的本能运转。插图中的入情入景是插图与文字结合的关键，插图之重在于“插”字，提高文字与插图与读者的互动性，这种互动性体现在文字与图画的结构把握上。传统插图设计在今天看来过于单一，与文字的交互仅停留在要靠读者自己的意识提高图书的可读性，这种呆板的图文结构是造成插图结构设计停滞不前的原因之一，文字与插图的交互为的是促进书与读者的心灵沟通，而插图的形式也必然需要人性化，事实上可以不择手段，在符合视觉审美结构的情况下，不用拘泥以前的任何形式，想怎么插就怎么插，打破条条框框，让文字与图画实现真正意义上的互动，总之就是要让书更好看。

文字与插图的互动将带动读者与图文的互动，书的文字与插图和人的头脑与心灵将组成一种超越书籍本身意义的矩阵，这种互动将最大意义上提高书籍自身的作用。书的互动性，或者是可玩性需要建立在人性化的基础上，插图毕竟是书的一部分，插图的作用必然通过书的内容进行限定，书决定图。因此，要研究图，必先研究书，对书的类型进行研究，再进行插图的研究，如空谈插图，将只能就图论图，插图结构也将不复存在。

版式设计是平面设计中的一个组成部分，它是视觉传达设计中的重要环节。版式设计是通过调动各种设计元素（文字、图形等）在既定版面上进行编排设计，以版式上的新颖创新及个性化的表现，强化形式和内容的互动关系，以产生全新的视觉效果。

版式设计的三大要素是图形、文字和色彩，而其中主要以图形和文字的组织关系来实现平面设计作品意定的韵律感、节奏感，形成不同的视觉冲击。从某种意义上说，图形与文字的版式编排决定着整个平面设计作品的传达效果。

图形与文字在版式设计中的主要功能是传达信息，而图形所具有的视觉传达特点是直接性和抽象性。图形依靠它本身的独特形式，直接对人的视觉神经产生刺激，将信息传达至接受者大脑右半球的视觉皮层。因此图形是通过自身的形式、大小、数量等给读者以直接的信息传递，能在很短的时间引起读者注意和思考。

至于文字，它则是一种具体的视觉传达元素。文字是人脑对自然与社会带有情感色彩的反映，其自身具有表达意义，传递有效信息的功能，它通过改变字形的大小、字重、对比、字宽、字形等样式达到不同的视觉效果，无论是中外字体中的哪一种，不同的字体给人的心理感受不一样，文字具有传递细节信息及使设计具体化的功能。

将图形文字化和文字图形化是两种特殊的视觉表现形式，将文字以一种有意的图形处理，排列在版式中时（如将文字作为一种基本的点、线、面的设计单位出现在版式设计中，使其成为设计的一部分，甚至整体达到图文并茂、别具一格的版面构成形式），文字本身也就转化成一种特殊的图形。而图形文字化则是将文字用图形的形式处理，以达到一种需要特殊强调的表现效果。

在版式设计中，设计师通过将图形与文字的有效编排，运用图形和文字的不同特点来达到设计作品信息有效传递、视觉美观愉悦的效果。对于图形和文字的主要编排形式有两种。

第一，文字依附于图形进行编排。由于图形在版式设计中占有很大比重，据科学研究的结果，图形的视觉冲击力比文字要强出很多。因此，以图形和图像作为版式设计的主体物，并以文字辅助其表现成为众多平面设计师在海报设计、包装设计、书籍封面设计、户外广告等所习惯采用的一种排版方式。在这种图形与文字的组织编排方式中，由于图形是其版式中的主体，它占据版面空间的比例要大很多，并且它承载着首要信息传达上的重要任务，因此在图形的选择与处理上要极其重视。

首先，所选择的图形和图像必须要直接或者间接地与作品主题相吻合，能够第一时间给予读者对于信息的正确认识。并且图形本身要有强大的视觉冲击力，以便于作品迅速有效地吸引读者，使其对设计产生兴趣。其次，图形必须能有效地传达设计本身所蕴含的信息，或者图形本身要以内在隐含的信息为文字的叙述埋下伏笔。而文字在版式中的主要作用则是辅助图片对具体的信息进行细致的传达和解析，这种编排方式的重点是要根据信息的重要程度按照视觉流程将文字跟图形进行分类编排。它最主要的特点是尽可能地用最简洁的元素来表达出设计者的创意和作品本身要显示的信息。在表现方面追求视觉上的吸引力和深刻的寓意，它不求一种直接易懂的表达方式，更多的是通过版式、形式感、色彩造成一种强烈的视觉力，而尽可能少的运用视觉语言来表达更多的内涵，使得阅读者根据设计所布置的局面进行更多的思考，以达到对内在含义有切身体会的共鸣。由此我们可以看出，在这种版式编排中，对于图形和文字的运用必须达到精练的效果。因此，在编排上，设计师拥有更多的创意空间和表现手段。

第二，根据网格进行编排。网格是一种由辅助线、边界和分栏组成的一个隐藏系统。它本身就如同版式设计中的骨骼，给予设计带来一种秩序感和结构感，也使得设计师的设计过程变得简单。设计中将图形与文字根据这个系统来组织排列，帮助形成清楚、连贯的信息关系和易懂的页面，给设计一种内在的凝聚力。在网格编排中，文字和图形依照设计师自己的需要有机地排列在已经编布好的水平与竖直单元的分栏中。

因此在网格设计中图形与文字要依据编排需要和网格的构成规律与形式进行整体性布置。将各种细节归纳到整体中进行分析，通过图形的大小和位置的放置以及文字通过字号和自身磅数的变化，能够很容易地将主次层次明显地体现出来，而且虚空间的布置以及图形与文字的分布比例也是编排中要考虑的重要因素。由于网格理性和严谨的特殊性质，使得设计师在编排中非常方便轻松地对作品进行编排，而且设计师的创意不会过多地放在用独特性的构图和形式感来吸引读者上，考虑更多的是在视觉上如何达到统一、美观和拥有节奏感以及将有限的文字与图片合理表达出来的问题。由于网格编排设计是一种便捷的版式设计形式，因此它较适用于有大量版式排列需要的设计作品，这种编排方式广泛应用于书籍、报纸杂志、广告宣传册或网站的设计中。根据以上两种不同的编排方式，可见文字与图形的具体编排是依照不同的视觉传达目的以及设计本身的特殊需要而定的。其共同的性质是运用图形与文字的不同特点和功能，以达到设计中的视觉美感与形式的统一，将信息传达到位。

图形与文字是我们日常生活中获得信息的主要方式，运用它们进行的各种版式安排是在各种设计中极其常用的形式，他们不同的组合给予了版式设计不同的生命。因此，一个好的图形与文字的版式设计必定是一个将有限区域给予的信息有效传递，并且将图文有机结合，形成的形式统一、创意新颖的设计。

11. 书籍插图设计的多元化表现形式

（1）多元化形式是书籍插图设计的发展趋势。它可以用形象传递信息，以强烈的视觉冲击力打动观众的心，激发观众的联想和刺激观众的想象，让观众在审美的过程中接受和处理所接纳的信息，这就是书籍插图被广泛应用于书籍装帧设计领域的原因。

随着时代的进步和社会的发展，图书作为人类的精神导师，受到越来越多的关注。社会地位日益高升。书籍的形式已经不同于以往，不再以单一的平面的形式出现，而是形成了新的、立体的、多元化的新图书模式。加之多媒体信息时代的来临，书籍插图作为书籍的伴随者，在这场革命中也产生了巨大的变革。现代书籍插图的表现形式不仅注重表现技法，而且形式新颖，注重创意与理念的结合。很多新时代的插图设计师们力求创新，潜心研究新的表现手法，书籍插图的辉煌时代就此来临。

同时人们对书籍的需求量不断增大，许多非专业领域的读者也成为学术书籍的阅读者，而书籍插图的使用既不会影响书籍的学术水平，也照顾到不同层次的读者的阅读接受倾向。人们的知识结构发生变化，对不同门类知识的需求增加，当人们阅读完全陌生的专业书籍时，如果有插图的帮助，就更有助于理解，因此，书籍插图是吸引潜在读者、增加图书销量、扩大社会效益与经济效益的重要手段。

随着现代社会信息技术的飞速发展，信息数量大幅度增加，获得信息的手段与途径也趋于多样化，人们可以通过多种途径，更加方便、快捷地获取所需要的信息。这些都对高质量的书籍插图的大量使用奠定了基础。印刷技术的提高同样功不可没，过去由于技术条件的限制很难得到的图片，现在可以轻易到手，并且越来越富有时效性。多媒体传播媒介的发展，使得现代的人们生活在图片的海洋之中，视觉思维被重新唤醒，并在更高的层次、更大的范围里形成了一种感性的视觉文化。书籍插图的使用，一方面是感性与理性在读者心理上达到均衡的努力，另一方面是对人内心深层的视觉思维方式或说感性思维方式的尊重。视觉文化由于在阅读程度上摆脱了释疑和解释的重负，以感性砝码的不断增加逐渐消除文化天平上的理性偏重。因此书籍插图在图书中的地位越来越重要，书籍插图产业的发展也越来越有潜力。

（2）多元化书籍插图及其应用范围。人类的思维意识是不断进步的，在现代社会里多元化地考虑和看待问题是全社会的趋势。经济全球化使得图书市场面临空前的机遇与挑战，经济化、信息化的产品蜂拥而上，各种艺术思潮开始大量产生，书籍插图产业也得到了全面的发展。时代的演变与发展，带来了人们观念的更新，人们对书籍插图设计艺术越来越重视，对书籍插图的形式、功能的要求也越来越高。

多元化本来是一个经济学名词，指的是企业经营中产品的多元化。运用了多元化方式的经营可以使企业增加收益、减少风险。在这里，多元化书籍插图指的是将各种新技术和新方法结合，吸收传统文化精华的同时创造出新的理念和方法。将这些元素综合到一起创作出来的书籍插图作品被称为多元化的书籍插图作品。

此外，电脑辅助设计的迅速普及给书籍插图的设计带来了巨大的变化，新的印刷工艺和新材质的大量应用也为书籍插图的多元化发展提供了可行性的前提。于是广大书籍插图设计师们开始广泛地使用各种思路和设计方法，创作出多元化的书籍插图作品。新形式的书籍插图作品构成形式、构成元素、构成原则丰富多样，是书籍视觉传达的重要手段。不仅具有技术上的特殊性，而且还有不容忽视的艺术性。通过对图书市场的考察可以发现，现在市面上的图书，其书籍插图的表现形式早已不同于以往单一的平面模式。大量的新型材料被应用，立体、电子，甚至一些金属材料都被应用到了书籍插图的制作中。

（3）多元化设计与新科技的发展相辅相成。新技术的产生和新材质的应用是书籍插图多元化设计的基础，为其提供了发展的可能性。同时多元化书籍插图的大量流行也为新技术和材质带来了更为广阔的空间。两者相互依存、相互促进，在发展进步的道路上缺一不可。

第一，多元化书籍插图与传播媒介和材质相互依存。随着人们生活水平的提高，纸张的品种愈来愈多，特种材质类的纸应运而生，被广泛用于各种书籍设计中，尤其是高档画册、书籍插图的设计，深受广大群众的喜爱。这些纸所具有的可压缩性、可折叠性，及便于加工，又易成型的特点，是其他包装材料所达不到的，也是其作为纸质承印材料的一大优势。这些特种纸质成为多元化书籍插图的表现工具，而电脑、MP4及其他阅览设备也为电子书籍插图提供了新的表现平台。无论是普通纸张，还是特种纸，其表面都有不同的纹理，人们对光滑、粗糙、细腻、洁白的感觉是各不相同的，我们可以根据承印物的表面性质作出不同的选择，设计出符合潮流的、个性化的、风格迥异的书籍插图作品，来展现设计的主题，使作品具有实用性和美观性。

第二，多元化设计标志着书籍插图产业的进步。经济全球化的发展，促使文化的大交融。在世界各地我们都可以看到各个国家的各式各样的书籍插图作品，有机会学习到各个国家不同的先进理念。因此我们可以把握好这样的机会，吸收他们优秀的地方，丰富我们的思维。面向未来，打破习惯思维的影响对我们学习传统是非常重要的，一味模仿传统是行不通的。现在是一个创新的时代，设计尤其讲究独创性。打开自己的思路是非常重要的，不要被传统和习惯性的思维束缚住，大胆地思考和创新，只有这样才能在新的时代中找到合适的位置。与时俱进，开拓创新，在这个新的多元化空间时代里，找到属于自己的设计形式语言。

第三节　书籍装帧的材质与造型

一、书籍装帧的材质

现代书籍设计的美在很大程度上来源于多元化材料在装帧、印刷上的应用。“材质本身就是一种生命，不同的材质会有不同的情感个性，选择合适的材质来作为书籍内容的载体，不仅能与内容起到血脉相连的作用，更能让书籍的主题具有更强有力的表现力和情感诉求。”①

（一）书籍装帧的材质的选择

书籍装帧的材质可以有多种选择，以下探讨一些常见的书籍装帧材质。

第一，硬皮装。硬皮装（Hardcover）是一种装订书籍的方式，采用纸板作为底料，通过覆盖皮革或其他材料，并经过多道工序加工制作而成。硬皮装采用纸板作为书籍的底板，这种材料坚固耐用，可以提供更好的保护和支撑。底板经过加工和磨光，使其表面光滑均匀，接下来，将皮革或其他材料覆盖在底板上，并经过黏合、糊合和压平等工序固定。这样制成的硬皮装书籍外观精美，手感舒适。硬皮装的材质和加工工序使其具有很高

① 郑崴. 材质美感是书籍装帧中的人文关怀［J］. 美术大观，2013（10）：1.

的耐用性和抗磨损能力，能够经受长时间的使用和携带。因此，硬皮装常被应用于珍贵、重要或收藏价值较高的书籍，如艺术品集、精装小说、古籍等。它不仅为书籍提供了更好的保护，还赋予了书籍更高的品质感和价值感。

第二，软皮装。采用天然皮革或人造皮革作为面料，比硬皮装更为柔软。软皮装常被用于中等收藏价值的书籍。

第三，纸质装。以卡纸或艺术纸为面料，质地柔软，且容易进行印刷和设计。常用于一般图书的装帧。

第四，纯棉布装。采用纯棉布作为空白面料，并进行加工处理。布面的凸凹感和磨损等都会显现出来，给人一种原生态和自然的感觉。适合偏向文艺气息的书籍装帧。

第五，金属装。使用铁、铜、锡等金属材料为面料，能够呈现出独特的金属光泽和质感。金属装的设计和制作过程较为复杂，一般用于特殊用途的书籍装帧。

以上是一些常见的书籍装帧材质，选择哪种材质要视情况而定，比如书籍用途、设计要求、价格等。

（二）常规材质的设计与表现

在书籍设计中，常规材质便是纸张。它是信息的载体，不同的纸张材质带有各自不同的情感。所以我们必须了解各种材质纸张的个性，并且进行合理的选择，恰当地运用纸张会使整个书籍的整体设计更加自然和谐，书籍信息传达更加完美。下面是常用的纸张类型，包括再生纸、哑粉纸、铜版纸、合成纸等，每一种都具有自己独特的个性特点。

第一，再生纸。再生纸的类型很多，包括新闻纸、书写纸等。新闻纸大多运用于报纸等印刷物上，这种纸张的特点是非常柔软，富有弹性，易于吸水和吸墨，缺点是印刷质量较差；书写纸较新闻纸品质好一些，可以进行四色印刷，四色印刷在原本书写纸偏黄的颜色上给人以怀旧、淳朴的感觉，近几年来书写纸由于其特殊的情感因素被广泛地运用于书籍设计。

第二，哑粉纸。哑粉纸的纸质较白，纸张柔软，表面有层哑光效果粉质，所以又被称为哑光纸，它有较强的吸水和吸墨的特性，色彩相对再生纸鲜艳，广泛用于画册以及图册。

第三，铜版纸。铜版纸的纸张表面洁白有光泽，纸质纤维分布均匀，厚薄一致，伸缩性小，有较好的弹性和较强的抗水性能和抗脏性能，对油墨的吸收效果良好。

第四，合成纸。合成纸采用化学原料与添加剂制作而成，质地较为柔软，防水性强、耐光耐冷热，广泛应用于高级艺术品、地图、画册等艺术品。

二、书籍装帧的造型

书籍装帧的造型是指书籍装帧过程中对书籍进行造型设计的过程和方法。造型是指任何能够表现出形状、结构、比例、颜色和线条等几何或空间因素的视觉设计元素，是书籍装帧中至关重要的环节。

书籍的封面、封底和脊线是装帧中最常见和最显著的几个部分，它们的造型设计直接关系到书籍在视觉方面的吸引力和认知度。封面造型通常包括图案、印刷和装饰等设计元素。图案设计常使用图像或图形的方式，例如，一些花卉图案、艺术绘画或一些小饰品等都能起到很好的视觉效果，可以提高书籍的辨识度和美观度。印刷则通常包括书名、作者、出版社、价格等信息，通过字体、字体大小、字体颜色、排版等来体现书籍的主题和意义。而装饰则是将其他美观元素加入封面设计中，增加视觉艺术效果。封底和脊线的影响同样重要，通常也需要根据字体、排版、标题和其他附加信息来进行设计和协调，以充分体现书籍的主题和内涵，同时加深读者对书籍的印象和领悟。

除封面、封底和脊线外，书籍其他的装帧造型元素，包括插图、排版、标题等都非常重要，这些元素的造型设计将影响读者的阅读体验和印象。例如，插图的造型可以呈现出更生动的视觉效果，丰富内容的表达形式，同时也能在视觉上吸引读者的目光，加深读者对内容的理解和印象。排版上的造型设计则可以直接影响到读者对文字的阅读体验，合理的排版能够让读者阅读更加愉悦，关注重点自然明显，反之则会影响阅读体验。在编写标题时，应该考虑到所有的美观风格，并应以准确、明确的标题总结内容。

总而言之，书籍的装帧造型设计是一门设计艺术，通过合理运用各种视觉元素，增加读者的阅读欲望和阅读体验，创造出美观且有认知价值的书籍。

第三章　书籍装帧的整体设计

第一节　书籍装帧的设计流程

与艺术设计的其他专业方向一样，书籍设计也有特定的设计流程，这是无数书籍设计者，通过大量设计实践总结归纳出的设计方法。书籍设计流程按照其先后顺序及设计对象可归纳为七个过程，即“主题确定—风格与定位—视觉化创意—编排与装帧—物化过程—功能检验—宣传推广”，具体的书籍装帧设计流程内容如下。

一、主题确定

主题确定就是通常所说的选题，选题是出版社（或期刊社）对于准备出版（或发表）的图书（或作品）的一种设想和构思，一般由书名、著译者和内容设想、读者对象以及字数等部分构成；它是编辑工作的基础。

二、风格与定位

“书籍装帧在慢慢的适应时代的步伐也在慢慢实现其自身的价值。”[①] 根据选题的成本、规格和设计要求，应当确定相应的设计风格，给予合理的定位。设计风格是指设计作品所表现出的独特风格或风格特征，它能够通过视觉形象传达出设计的主题、氛围和情感。在确定设计风格时，需要考虑图书的内容和目标读者群体。不同的主题和读者群体，可能需要不同的设计风格来传达信息和吸引读者的注意力。例如，对于一本儿童读物而言，设计风格可以选择色彩明亮、图案生动的，以吸引孩子的兴趣；而对于一本专业性的学术著作而言，设计风格可能更趋向于简洁、专业和严谨。

定位是指确定设计作品在市场上的定位和定位策略。根据图书的特点和目标读者群

---

① 李雍．论书籍装帧［J］．文艺生活·文艺理论，2011（3）：48.

体，确定其在市场中的定位，能够更好地满足读者的需求并提高竞争力。通过合理的定位策略，使设计作品与其他同类作品有所区别，并凸显其独特性和特色。定位策略包括选择适合的图书分类、确定目标销售渠道、制定合理的价格策略等，以确保设计作品能够在市场中获得良好的反响和销售成绩。

三、视觉化创意

视觉化创意是指将书籍内容进行视觉表达和设计的过程。在图书设计中，视觉化创意是非常重要的，它能够通过图像、图表、排版和色彩等视觉元素来传达信息、增强阅读体验和吸引读者的注意力。在进行视觉化创意设计时，需要思考如何将书籍内容以视觉的方式呈现出来，这包括选择适当的图像和图表来支持文字内容，设计合适的排版和版面结构，以及运用恰当的色彩搭配来传递情感和氛围。此外，视觉化创意设计还需要对图文原稿的质量和数量进行要求。图文原稿的质量包括文字的准确性、图像的清晰度和版面的整洁度等方面，而图文原稿的数量则涉及内容的丰富性和适度性。通过提出对图文原稿质与量的一些要求，可以确保设计作品在视觉表达上更加精准、有力，并且与书籍内容相匹配，为读者提供良好的阅读体验。

四、编排与装帧

编排与装帧是指对图书内文进行设计和布局，以及选择合适的印刷工艺材料和装帧方式来呈现设计作品。它涉及内文编排设计、图形设计、文字设计、色彩设计、形态设计等方面。

第一，内文编排设计是指对书籍内容的排列和组织方式进行设计，包括章节划分、段落布局、标题设计、页眉页脚设计等。通过合理的内文编排设计，可以使读者更加方便地阅读和理解书籍内容。

第二，图形设计、文字设计和色彩设计是视觉元素的重要组成部分。图形设计包括插图、图片和图表等图形元素的设计和处理；文字设计涉及字体的选择、字号的调整、字距的设定等；色彩设计则包括色彩的搭配以及运用，以增强视觉效果和传达情感。

第三，形态设计是指对书籍整体形态和外观的设计，包括封面设计、封底设计、书脊设计等。形态设计需要考虑书籍的外观美感、便于携带和存放的实用性以及与内容相呼应的特点。

第四，选择合适的印刷工艺材料和装帧方式也是编排与装帧的重要环节。印刷工艺材料的选择会影响到图书的质感和印刷效果，而装帧方式的选择则可以使书籍更加耐用和美观。

总而言之，通过进行编排与装帧的设计，可以使图书在视觉上更具吸引力和独特性，并为读者提供良好的阅读体验。

五、物化过程

物化过程是指将设计作品从虚拟状态转化为实体状态的过程。在图书设计中，物化过程包括选择和调整材料品种、确定印刷方式以及制定实现整体设计的物化方案。选择合适的材料品种是确保设计作品质量的关键。不同的材料具有不同的特性和适用范围，如纸张材料的光泽度、质地和厚度等。根据设计作品的需求和预期效果，可以选择相应的材料品种，并在需要的情况下对其进行调整和优化。

同时，印刷方式的选择也是物化过程的重要环节。不同的印刷方式，如胶印、凸版印刷、丝网印刷等，会对设计作品的效果产生影响。应当根据设计作品的要求和预算，选择合适的印刷方式，并与印刷厂商进行有效的沟通和协调。物化方案的制定是将整体设计转化为实际生产过程的指导方案。它包括详细的工艺流程、材料使用方案、印刷参数等内容，以确保设计作品能够在生产过程中得到准确的实现，并最终呈现出预期的效果。

总而言之，通过制定实现整体设计的物化方案，可以确保设计作品在实际生产过程中得到准确的实现，从而达到预期的效果和质量要求。

六、功能检验

功能检验是对设计作品的最终设计质量和阅读功能进行审核和评估。审核作品的最终设计质量是确保设计作品符合预期目标和要求的重要环节。在功能检验中，需要对设计作品的最终设计质量进行全面的审核，这包括审查图文排版的准确性和美观性，检查图像和图表的清晰度和质量，以及评估整体的视觉效果和印刷质量。同时，还需要对设计作品的阅读功能进行检验。阅读功能是指设计作品能够有效地传达信息、引导读者阅读和提供良好的阅读体验的能力。在功能检验中，需要评估设计作品的可读性、信息传递的准确性和易理解性，以及版面结构和排版布局对阅读的引导作用。

总而言之，通过功能检验，可以及时发现并修正设计作品中存在的问题和不足，确保最终设计质量符合要求，并为读者提供优质的阅读体验。

七、宣传推广

宣传推广是将设计作品呈现给目标读者群体的一个过程，以提高图书的知名度和销售量。在宣传推广中，设计师需要考虑整体视觉形象的呈现和物料类应用的策略，以展现书籍的美感。完成书籍在销售流通中的整体视觉形象，包括各种宣传推广物料的设计，如单页、折页、海报、书签、藏书票、展台展架等。这些物料的设计需要与书籍的主题和风格相一致，以展现书籍的美感和吸引力。设计师在考虑物料类应用时，应从系统推广的角度进行思考。这包括在设计中统一使用相似的视觉元素、色彩搭配和字体等，以确保整体形象的一致性和连贯性。同时，还需要考虑物料类的应用场景和读者接触的方式，以选择合适的宣传推广方式和媒介。

总而言之，通过宣传推广，设计师可以将图书的美感和特色展现给目标读者群体，提高图书的知名度和吸引力，从而促进图书的销售和传播。

第二节　书籍的辅文设计

一、书籍辅文设计的意义

图书辅文区别于正文，是帮助读者理解和利用正文内容的材料，同时也是印在书籍上，向读者提供有关本书信息的文字。图书辅文按功能可分为识别性辅文、说明和参考性辅文、检索性辅文这三类。常见的识别性辅文有书名、著者名、出版社、内容提要等；说明和参考性辅文有出版说明、前言、后记、注释、参考文献、附录等；检索性辅文有书眉、目录、索引等。

辅文中的前言（出版说明、序、凡例、题解、编者的话暂归入此）、后记（跋），能让读者窥见图书撰写的起因、动机，创作过程，对涉及的一些有争议的学术问题的见解、看法，图书内容的创新、特色以及不足之处，等等，从侧面介绍了图书。由于给读者提供了帮助，所以它们等同于商品的“使用说明书”，可以视其为广告。

目录是辅文，也为“纲”，它在正文、辅文中以标题的形式紧紧统领着所属的文字、图表这些“目”。纲目天成，配合有序，主次分明。一旦标题（纲）与属下的内容（目）剥离，独立于正文之外，就成了“目录”，成了辅文。此身份的改变，其目的可谓昭然：它以新的面目继续着广告、宣传的功能，旨在让感兴趣的读者，通过对该项元素的审查，决定是否购买。目录帮助阅读，把握全局以及提示、查找内容的功能虽然不属本书探讨的范围，而科学制作，使其功能充分发挥，则是出版人不可推卸的责任。研究众多的图书目录，并将它们比较，很容易发现常见的三种形式：①只有一级标题；②有一级和二级标题；③有一级、二级、三级标题。其特点是：依次排列、比较简洁，无枝无蔓。相应的不足是：不能基于读者直接提供比较详细的内容，而迫使他们按图索骥，翻阅正文，这是目录的一大类型。第二大类型是提纲挈领，甚至还比较详细，读者不用翻检正文，就能大概了解图书的主体内容。

图书的影响力不言而喻，然而作为图书重要组成部分的辅文，却如同它的加工者“编辑”一样，长期被忽视，一个“辅”字便已折射出人们对其的认知。书名和作者吸引着读者抽出某本书籍，出版社的名称悄然影响着读者的兴趣，内容提要描绘出书的大致轮廓，出版说明则让读者认识到这本书的不同，人们依靠序言更清楚地了解书的面貌，凭着目录和索引更深入地探索书的结构，借着后记更近地触摸写书人的内心，顺着参考文献更准确地延伸知识路径。当然，辅文的功能不止于此，它就像一个指南针或是一张地图，带领读者更好地了解图书的相关信息。另外，对于编辑和作者，辅文同样有着非同寻常的意义。对编辑而言，辅文是能尽情发挥创造性的园地，他们可以提炼作品精华，传递编辑思想，吸引读者注意，建设品牌形象；对作者而言，辅文更像一扇窗口，他们可以更集中地展示自身形象和自己的理念，拉近与读者的距离。

二、书籍辅文设计的研究成果

在目前的研究中，尚无专门围绕图书辅文进行全面论述的专著，对辅文的论述，多以章节形式出现在一些编辑学的教材或编辑所用的工具书中。例如，阙道隆所著《书籍编辑学概论》一书，用一节内容论述辅文和图稿加工；吴平所著《图书学新论》对辅文的概念、分类，以及常见辅文的功能进行了详细介绍；蔡鸿程主编的《编辑作者实用手册》则用两节内容阐述了辅文的类别及排列顺序、辅文内容；雷群明编著的《编辑应用写作》开辟专章介绍图书辅文的写作，用丰富的例子，重点介绍了内容提要、出版前言、序言、作者小传、跋①的写作要点。研究辅文的学术论文则主要分为两大类：一类从整体的角度进行总体概括，阐释辅文的定义、分类等基本问题；另一类从个体的角度进行深度分析，对书名、序言、索引等具体辅文的写作要点、常见问题进行总结。

（一）书籍辅文设计的整体研究

林穗芳的《谈谈书籍辅文》首先对辅文的定义进行阐述，认为辅文就是一本书中帮助

---

① 小传和跋是两种常见的文学形式，它们通常出现在书籍的前言或后记部分，用于对书籍的内容、作者或其他相关事物进行简要的介绍或评价。

读者理解和利用正文内容的材料，以及印在书上向读者（包括购买者、利用者、书店、图书馆、资料室、科研和情报单位）提供的有关本书的各种信息；之后对每一类的内容构成、功能、注意事项分别进行了说明。

田海明的《加强对图书辅文的编校》、李福海的《谈谈书籍辅文的编排》及杨家宽的《图书编辑加工中的一个死角》三篇文章对目录、索引等具体辅文在实际编写中的常见问题进行了梳理。

金强、孟春石的《图书辅文编写存在的问题及解决对策——基于对1000种图书的辅文调查》一文则采取了定量分析的方法，对内容提要、序、跋、出版说明这四类辅文，在各类图书中的分布情况做了调查，并对四类辅文存在的不足之处进行了分析并提出解决对策。

（二）书籍辅文设计的个体研究

书籍辅文设计的个体研究论文数量相对较多，主要是针对书名、目录、索引、序言等常见辅文的功能、特点、存在问题进行的研究，但对各类具体辅文的关注程度则有区别。关于书名、内容简介、目录、注释、参考文献、索引的研究成果相对较多，而著者、出版者、出版说明、后记、附录等得到的关注相对较少。以下对研究成果比较多的具体辅文作详细介绍。

1. 书名的研究成果

书名的研究成果最为丰富，研究者们从书名的重要功能、好书名的标准、书名存在的问题、编辑的注意事项等多个角度进行了分析。得到公认的是，书名如同书之“眼”，好书名有画龙点睛的作用。关于好书名的标准，吕建军给出了准确性、新颖性、凝练简洁、人性化四个原则。在明光的认知中，力求简洁、响亮上口的书名更吸引读者眼球。陈杰则总结出了三项法则：①尽量使用通俗、态度积极、贴近人心的词语。②在书名中适当地加入数字，给人以直观感受。③利用读者的好奇心，在书名中，加入“怎样”等刺激性词语。总而言之，书名要通俗、简洁是研究者们比较一致的观点。

在具体形式的设计上，吕建军则总结出了数字妙用、成语或固定用语的活用、疑问形式、否定形式或是感叹句式、比喻运用法等经验；在视觉表现上，曹凌总结出文字编排法、字体变化法、字号选择法、个性表现法、求新追异法等表现手法。另外，好书名的标准还应考虑到图书类别。在吕建军的认知中，学术书籍、教材的书名要体现学科特点，要求清楚明了、直奔主题；文艺类作品的书名要求深刻隽永、富含意蕴，新颖、独特；通俗类读物的书名要求“通俗”，但是又忌讳落入俗套。刘影则更详细地分析了学术图书的书名，她指出学术图书的命名，有一些值得借鉴的类型，包括：①“用典型”，如《社会的麦当劳化》。②“简约型”，如《数字化生存》。③“文采型”，如《近代中国社会的新陈代谢》。④“独特型”，如《乌合之众》。此外，针对如何设计出好书名，避免常见的跟风等问题，编辑应采取的解决方法包括：把握书稿内容、多逛书店了解出版行情、浏览社会效益以及经济效益俱佳的图书、研究书名的内涵等。

2. 内容提要的研究成果

内容提要的研究成果集中在写法上。武亚雯将撰写内容提要的方法概括为六种：平铺直叙法（即三段论法）、目录浓缩法、突出作者法、开门见山法、书名定睛法和设问回答法，并指出编辑要写好内容提要，先要对文章熟悉并有较深的理解，文字上力求言简意赅，语言通俗。在冯晶衍的认知中，内容提要的写作形式分为概括型、要点型、摘录型和推荐型。童仁则指出不同类型的文章要有侧重，学术研究著作、传记等要指出本书的特点；不容易从书名上了解内容的要释题；修订本要着重说明修订的一些情况，总而言之，要抓住关键问题，并且要注意文风。

3. 目录的研究成果

关于目录的研究论文多为问题探讨。例如，辛武、钟剑关注的“露丑问题”，他们指出当前许多图书在目录部分充满刺激性语言，把作品中那些最刺激的语言摘录下来，以吸引消费者，此外，他们还分析了这类现象背后的深层问题，认为主要有三点：①价值观念上的美丑颠倒。②没有正确处理两个效益的关系。③假冒伪劣，以假乱真。针对阅读中的实际问题，目录可采取的应对措施包括：①目录应印在扉页之后，让读者一翻就可以看到。②多册、多卷本图书，要在每一册（卷）都印上总目录。③目录内容较庞杂时，应在细目前加印“大目”，大目也就是目录的目录。

4. 注释与参考文献的研究成果

对注释与参考文献的研究重点集中在规范性的探讨上，但研究角度较为多样。黄海晖对涉及引文标注的国家标准，即《文后参考文献著录规则》（GB 7714—87）与《出版物上数字用法的规定》（GB/T 15835—1995）进行了分析，在此基础上对实际操作细节提出了一些建议。

5. 索引的研究成果

对于索引的研究内容集中在索引的定义、功能、书籍索引编制情况、对索引工作的建议等方面。索引的研究成果比其他辅文更为丰富、全面，这与一些学者把其作为重点进行研究有关系。张琪玉在这一领域尤其突出。他出版了专著《图书内容索引编制法：写作和编辑参考手册》，另外，还发表了20余篇相关论文，详细阐述了索引的界定、编制方法等问题。此外，《出版物的索引编制规则总则》（GB/T 22466—2008）[①] 也于2009年4月1日起开始实施。

索引的两大基本类型是：直接检索事实情报的索引和检索情报源的索引，也可称为文献篇目索引以及图书内容索引。对作为图书辅文的图书内容索引，即以一书所讨论的各个局部主题和所涉及的具有信息价值的各种主题因素为索引对象，可比图书章节目录更深入地揭示图书内容，并向读者提供与该书章节目录系统不同的内容查检途径。在《出版物的索引编制规则总则》（GB/T 22466—2008）中，也采纳了这一提法。

图书内容索引的重要性一再被研究者们强调。黄恩祝提出了分解、梳理、组合、结网、揭示、鉴别、追踪、导航、执简、检索、预测等11项功能。张琪玉则指出图书内容索引，可以加快查找图书中某一特定内容所在位置的速度，了解图书所讨论的问题并发现新知，对同主题知识信息进行集中揭示并方便了研究，语词索引对相关学科研究有特殊功用。佟兆俊着重指出了图书索引的延伸功能，在佟兆俊的认知中，将经过筛选加工的内容索引纳入数据库或索引工具书，可以简化处理过程，同时可为网络情报服务体系和索引工具书提供基础资源。

针对图书索引所存在的问题，学界认为首要任务是提高图书索引的地位，增强人们对索引的重视。在具体举措上，朱小明、徐静安提出了制定政策（例如，将索引编制情况作为图书质量考核的重要指标）、转变观念（例如，加强对读者的宣传工作，培养阅读习惯）两项建议；张琪玉则指出要逐渐扩大从事索引工作的职业队伍。

总而言之，研究者们对于辅文的定义和分类，基本达成了一致的认识，对于各类具体辅文的特点和现存问题也进行了探索与总结，为进一步研究提供了思路，奠定了基础。然而，现有的研究也存在一些缺憾，有待进一步完善，例如，在横向上关注问题而非经验，把重点放在描述现有不足上，而没有对一些优秀的、可参考的经验进行总结；纵向上关注现在多，关注历史和未来少，对辅文的历史发展缺乏系统梳理，对辅文形式如何创新也鲜见论述，这也给有志于研究辅文的学者们提供了足够的空间。

---

① 《出版物的索引编制规则总则》（GB/T 22466—2008）是中华人民共和国国家标准中关于出版物索引编制的规范文件。该标准规定了出版物索引编制的原则、基本要求和方法，旨在提供统一的索引编制规范，促进出版物索引的准确性和可读性。

第三节　书籍装帧风格元素的设计分析

一、书籍装帧风格元素的设计要点

（一）书籍成形的设计

“书籍装帧设计是指书籍的整体设计”①。对于设计者而言，书籍的设计就是一种形态的塑造，书籍的结构非常复杂，包含很多细节。而对书籍进行塑造体现在两个方面：一方面是设计者如实并且艺术性地将信息复制到书本当中，这是对书籍神态的塑造；另一方面是设计者将符合书籍神态的开本、材料、装订工艺与成形工艺，合理巧妙地配合，这是对书籍的外形进行的塑造。现代书籍成形的工艺及设计种类繁多，在有限的时间内无法全部掌握，但是，大家可以通过这些成形方式来启发自己的创造性思维。当然，在此基础上，一定要发散思维，不要被已有的方式所限制。

1. 书芯的装订

书芯即书的内芯，是未包封面的光本书，也称毛书，是书籍形态结构中最重要的组成部分。书芯装订是将折好的书帖或单页，按其页码顺序配成册并订联起来的过程。书芯装订的设计，即通过对书芯装订的功能、目的的了解，按照现代书籍成形的加工技术、工艺、设备的原理要求等，对折页、配页、订联等书芯装订的各工序，进行系统了解并实际操作。

书芯装订是将分散的信息载体进行有序集合，并使之成为一个整体的操作过程。不同的书芯材料、开本、不同的书芯订联技术、工艺、设备等，都是决定书籍最终结构形态的关键因素。通过书芯装订的实际体验，不仅能掌握书芯装订的操作规程，更重要的是，通过这个过程，理解书芯装订过程中不同环节之间的因果关系，以及与每个环节相关的知识、原理。

（1）折页。折页是指将印刷好的大幅面印张，按页码的顺序折叠成书籍开本大小的书帖，是书芯装订的第一道工序。折页的方法要考虑书籍的开本尺寸、页码、纸张、装订工艺及设备等因素。折页设计并不只是一种简单的折叠过程，更多的还需要了解印前、印刷

---

①　欧阳路芊. 浅谈书籍装帧设计［J］. 内江科技，2012（9）：33.

以及材料、设备等多方面与之配套的相关知识。根据目前书籍成形加工的技术和工艺，人们常用的折页方法有三种：平行折页、垂直折页、混合折页，具体内容如下。

第一，平行折页。平行折，也称滚折，即前一折和后一折的折缝呈平行状的折页方法。一般较厚的纸张或长条形状的书页常采用平行折的方法。平行折页按照其最终用途，采用平行折页的三种基本方法：包心折、翻身折、双对折，完成不同形态的折页形式。平行折页最早可以从我国古代的一种书籍形态——“经折装”中找到它的雏形。在现代书籍的书芯加工中，完全采用平行折页的并不多见。一般带勒口的封面、书芯中的插页（图表、长幅面的图片等）都采用平行折页的方式折页。包心折即按照书籍幅面大小顺着页码连续向前折叠，折到二折时把第一折的页码夹在书帖的中间，一般小型直邮广告常用这种折页方式；翻身折即按页码顺序折好第一折后，将书页进行翻身，再向相反方向顺着页码折第二折，依次反复折叠成一帖；双对折是按页码顺序对折后，第二折仍然向前对折。

第二，垂直折页。每折完一次时，必须将书页旋转 90°角再折下一折，书帖的折缝互相垂直。垂直折页是目前应用最普遍的一种折页方式，它与折页后的配页、订联等工序都比较容易配合，可以大幅提高书籍成形加工的工作效率。垂直折页的特点是折数与页数、版面数之间有一定规律：第一折形成 2 页、4 个页码的书帖，依次进行第二折、第三折，即可形成 4 页、8 个页码和 8 页、16 个页码的书帖，这样可以满足配页、订联的要求。用垂直折页的方法折成书帖是一个简单的过程，了解垂直折页的规律、认识折页与纸张、折页与设备之间的关联，特别是正确掌握版面的页码顺序与折叠的关系，才是在装订中最需要解决的问题。

第三，混合折页。在同一书帖中的折缝，既有平行折页，又有垂直折页的折叠方法，称为混合折页。如果要把有 12 个版面内容的印张折叠成一个 12 开本的书帖，用平行折页或垂直折页的方法是无法完成的，这就需要采用混合折页的方法来解决。采用混合折页的书帖，大多数为一些非常规开本的书籍，或尾帖页码数与前面书帖页码数不等的书籍尾帖。这种形态的书籍相对较少，多为一些图片类画册及企业图录等。混合折页是平行折页、垂直折页的一种组合训练。混合折页与平行折页、垂直折页相比，可以应对某些特殊的折页需求。特别是面对一些非常规开本、特殊工艺的要求，混合折页更具有灵活性。从本质上讲，混合折页是一种综合性的折页方法。

（2）配页：配页也叫配书帖，是将折叠好的书帖或单页，按页码顺序配齐成册的过程，是书芯装订的第二道工序。配页实质上就是书帖与单张书页或书帖与书帖之间的有序组合。配页装订不仅是掌握这种组合的过程，同时也是检验前道工序——折页是否准确的一个过程。配页的方法有两种：套配法和叠配法。根据书芯不同页码数量、不同订联方式，需要采用相应的配页方法。

第一，套配法。将一个书帖按页码顺序套在另一个书帖的里面（或外面），成为一本书刊的书芯。套配法一般用于页码不多的期刊，采用骑马订方法装订成册。

第二，叠配法。是将各个书帖按页码顺序一帖一帖地叠加在一起。适合配置较厚的书芯。

（3）书芯订联：书芯订联是将配页之后的书帖或散页心折翻，以及折双对折订联成一个整体的加工过程。这是书芯装订加工的最后一道工序，也是书籍成形过程中关键的一道工序。完美的书籍形态，必须以恰当的订联方法和订联质量为基础。书籍形态结构的进化发展，实际上是书籍订联技术和工艺演变的结果。订联方式决定了书籍最基本的形态构成。从本质上讲，书芯订联是塑造书籍基本形态的过程。现代书籍的书芯订联方法有很多种，概括起来，可以分为订缝连接法和非订缝连接法两种类型。

第一，订缝连接。订缝连接是用纤维丝或金属丝将书帖连接起来。这种方法可用于若干书帖的整体订缝，也可以将书帖一帖一帖地订缝。订缝连接主要分为骑马订、铁丝平订、缝纫订、锁线订等。例如，骑马订工艺是书籍装订最常使用的形式之一，因订书时，书要跨骑在订书架上而得名。骑马订的书帖采用套帖配页，配帖时，将折好的书帖从中间一帖开始，依次搭在订书机工作台的三角形支架上，最后将封面套在最上面。订书时，用铁丝从书刊的书脊折缝外面穿进里面，并被弯脚订本，通过三面裁切即成为可供阅读的书刊。骑马订是一种较简单的订书方法，工艺流程短，出书速度快；用铁丝平订，用料少、成本低、书本容易开。又如，将已经配好的书芯，按顺序用线一帖一帖沿折缝串联起来，并互相锁紧，这种装订方法称为锁线订。锁线订有普通平锁、交错平锁、交叉锁三种锁线方法。传统锁线的方法都采用手工方式完成，现代书籍的锁线则基本采用机器加工方式。

第二，非订缝连接。非订缝连接是采用黏性较强的胶黏剂，将配好的书帖连在一起的书芯订连方法，也称为无线胶订。非订缝连接方法由于不需要金属丝或纤维丝的连接，缩短了书籍装订的工艺流程，提高了生产效率，是目前书籍装订的最主要方法之一。非订缝连接具有不占订口、易于摊平、翻阅方便等优点，而且书脊坚固挺实，没有线迹和铁丝锈迹，平整美观。缺点是容易因粘连不良而出现书页脱落现象。非订缝连接的方法很多，一般可分为：切孔胶黏连接法、铣背胶黏连接法、切槽胶黏法等。非订缝连接的关键是书芯钉口的处理方法。练习的目的在于充分理解非订缝连接的工艺特点及价值，使我们在今后的书籍设计中，可以根据书芯的纸张类型、纸张厚度以及书籍的最终形态等特点，有针对性地选择或设计更合理的非订缝连接方法。

2. 包本的设计

包本是将订联后的书芯与封面结合并固定成形的工序，是书籍装订加工的最后一个阶段。从加工工艺的角度讲，包本最主要的作用体现在它对书芯的保护功能上。从本质上讲，包本是提高书籍使用寿命的一种包装方法。按照外形结构与材料构成，书籍可以分为平装书和精装书两大类。一般的包本是针对软质封面的平装书而言的。包本实际上就是将封面（封壳）与书芯连接，成为完整的平装书或精装书的实际操作。

（1）平装包本：平装包本是将书芯上纸质软封面，经烫背（或压实）、裁切后，使毛本变成可阅读的完整书籍，它是现代书籍最普遍的一种书籍形态。功能与形式、成形效率与成本控制的完美结合，是现代书籍成形方法的出发点。从这个角度看，平装包本是最能体现这种要求的一种书籍形态。具体可分为以下类型：第一，普通包式封面。普通包式封面是平装书刊常用的一种形式。其包裹方法有两种：一种是在书芯背上涂刷胶液，把封面粘贴在书芯的脊背上；另一种是除了在书芯脊背上刷胶外，还需要沿着书芯订口部分涂刷3~8mm宽的胶液，使封面不仅粘在脊背上，而且粘在书芯的第一面和最后一面上，使书刊更加坚固。第二，压槽包式封面。压槽包式封面一般采用较厚的纸作封面，为了使封面容易翻开，在封面之前，先将封面靠脊背处压出凹沟，然后再按包式封面包裹。第三，压槽裱背封面。压槽裱背式封面是将封面分成两片，并压出折沟纹槽，分别和书芯订联在一起，然后用质量较好的纸或布条裱贴书脊背部，连接封面。以增强书籍背部的牢固度。第四，勒口包式封面。勒口包式封面和平订包式封面的区别是在包在书芯上的封面和封底的外切口边，需要留出30~40mm的空白纸边，等待封面包好后，将前口长出的部分，沿前口边勒齐、转折刮平、再经天头、地脚的裁切，就成为勒口包式封面的平装书刊。

手工平装包本的操作步骤如下：第一步，折封面。将封面按一定的开本大小、书芯厚度，切成适当的尺寸后，按书芯厚度将封面的书脊线折出（正面朝里折）。折齐后，封面的折缝线就是包本粘面的规矩线。折叠后的封面，要保证经包本后，书脊上的书名居书脊中间，不歪斜。第二步，刷封面胶黏剂。把折好的封面对齐粘口部分刷上一层胶黏剂，用来与书芯上粘口进行初步粘连。所用胶粘剂要适当，不可过稠，能粘住书芯页张的表面即可。第三步，粘封面。也称上封面，即把刷好胶粘剂的封面沿书芯订口书脊线（后脊边）及天头或地脚的规律一张张地粘贴整齐，并用手按实。第四步，刷书背胶黏剂。在粘完封面后的书芯后背和后侧粘口，新刷一层包本用胶黏剂，操作时，将书背朝右放在台板上，用毛蘸黏剂后在书背上来回抹刷，刷均匀为止。右手抹刷时左手压书不要过紧，使胶黏剂有溢进侧粘口上的余地，刷完后即可进行下一步的包封面。所用胶黏剂的黏度，需要根据纸质调制，纸质较好、光滑度高的，黏度可高些（稠些），反之则低些。总而言之，以封面与书芯粘牢，不脱落或不起空泡为准。第五步，包封面。将粘好封面并刷好后背胶黏剂的书芯黏合。封面要均匀地包紧在书芯上，并使其紧密地粘牢。经烫背、裁切后即成为一本有封面的书册。

（2）精装包本：书芯及硬质书封壳分别进行造型后，再将两者套合的过程就是精装包本。相对平装而言，精装包本材料更精致、美观、耐用、工艺和工序也更复杂。精装包本最主要的特点是对书芯、书封及套合要进行特殊的造型加工。通过书芯与书封壳不同的造型方法相互配合，从而实现书籍的外观与使用功能完美结合，这是精装包本最根本的目的。现代精装书籍的包本，无论是材料应用还是技术工艺的革新，与传统精装书籍相比，都有了很大的发展。精装本的主要结构包括封面、封底、书脊、环衬、书槽、堵头布、书签带、上切口、下切口、外切口等部分。

3. 书芯造型的设计

书芯造型是为了适合精装包本的要求，对书芯进行不同形式的外形处理。一般而言，只有采用锁线订订联的书芯，才能作为精装书芯进行造型。锁线订的书芯连接更牢固，书页不易脱落，并且能适应各种造型的加工，因此是现代精装书芯最常用的订联方法。精装书芯的造型主要包括方背、圆背平脊、圆背有脊等几种造型。不同的造型对材料选择、加工工艺和操作方法等都有不同的要求。书芯造型的目的主要有两个方面：一方面是从审美的角度来讲，在形态上可以使成形后的书籍更显精致美观；另一方面是从使用功能的角度来讲，不但可以使书籍阅读起来方便，同时，也大大增加了书籍的使用寿命，使它适合长久保存。

4. 书壳造型的设计

书壳一般由软质封面、硬质纸板、中径纸三个部分组成，是精装书籍的外层形态。书壳造型是利用硬质或软质材料，根据书芯造型的结构特点，对书芯进行的外包装加工。通过书壳造型，不但使精装书籍外形更美观，而且使书籍更加坚固耐用、利于保存。书壳造型的形式主要有整面书壳、接面书壳两种，如果再细分的话，又可以有圆角书壳、方角书壳、活套书壳、死套书壳等。随着材料、技术、工艺及加工设备的不断进步和发展，书壳造型的方法也日益多样化，但是，其造型的基本结构与作用并没有本质的变化。例如，整面书壳是现代精装书壳最为常见的一种造型形式，它是用一张书封面料，将两块书壳纸板和中径纸粘连在一起的书壳加工方法。手工加工过程分为制作规矩槽、摆中径纸板和书壳纸板、涂料蒙板、包壳四个工序。

5. 套合造型的设计

套合的造型加工，是精装书成形的最后一道工序，即将造型加工后的书芯和书壳组合成一个整体的加工方法。套合的造型加工主要有方背套合与圆背套合两种。方背套合的形式分为三种：第一种为方背假脊，即用与书芯厚度，加上两块封面厚度相同的中径纸板，镶在书背后形成书脊的形式；第二种是方背方脊，即按书芯的厚度糊上中径纸板，套合时压出阶梯的形式称为方脊；第三种是方背平脊，即按书芯的厚度糊上中径纸板，套合时不压出阶梯的形式称为平脊。圆背套合形式分为软背装、硬背装和腔背装三种。

6. 书籍装订造型的设计

“装”是将分散的书籍材料进行组合装配。“订”是利用各种连接材料，通过订、缝、粘、夹等方法，将组合后的书籍材料连接成册。因此，装订成形就是将构成一本书籍的所有材料，按照开本的要求，组合、连接成册的书籍形态加工过程。科学与技术的发展，使书籍装订由传统的手工操作发展到当代普遍的机械化操作；艺术性与个性化的审美需求，又促使当代许多书籍热衷于采用手工，或是传统方式尝试装订的革新。当代书籍装订，注重手工与机械、常规与革新并存。

（1）借鉴传统装订方式：传统是人们对某种事物的价值进行充分的理解后所继承并再现的东西。实际上，当代书籍的形态与传统书籍形态从来就没有脱节。对传统的吸收与发展，是当代书籍设计方法的重要途径。我国传统的书籍装订形式丰富多彩，其中经折装、蝴蝶装、线装是最具代表性的，它们对书籍形态的发展演变起到了革命性的推动作用。例如，作品集采用传统的装订形式，辅以传统的书籍外切口设计，既传统又具有设计的新意。总而言之，借鉴的目的不是简单地复制，而是一种进化。了解传统书籍结构特征并掌握这种形态结构的造型方法，从而将传统的装订特质与文化价值体现到某些现代书籍形式中。

（2）选择新的订联材料：新的订联材料是指区别于书籍装订加工中常规的订联材料，具有某种新的功能与形式的材料。常规的订联材料主要包括各种胶黏剂、纤维丝、金属丝、金属圈等。当这些专用材料已经完全成熟并被广泛应用后，新的订联材料开始层出不穷。在当代的书籍设计中，已越来越注重订联材料在书籍整体设计中的形式态度。在订联材料的选择上，采用单色装订，用细绳进行装订，既美观又具有很强的牢固性。新的订联材料范围很广，包括了金属、纤维、塑料、各种胶黏剂等材料。正确选用订联的材料，是体现书籍成形效果的关键之一。选用订联材料应根据书籍的开本、材料、形式等来决定，所使用的材料，一定要与所设计的书籍类型、档次相匹配。

（二）书籍结构的设计

书籍的结构设计，是在整体艺术观念的指导下对组成书籍的各部分结构要素重新整理、排列、组合进行完整、统一的设计，是对书籍从外到内、从前到后的整体设计过程，是从内容到形式的完整设计过程。书籍结构设计主要包括护封、腰封、封面、书脊、环衬、护页、扉页、版权页、前言页、目录页、内页、封底、书函等的设计。这些部分既独立又相互关联，每一项相对独立的书籍结构要素形象都在为书籍内涵与读者心灵的契合而服务，书籍形式的创新表达都在为书籍作为文化载体的传承而服务，同时，各结构要素的整体设计又给人一种整体感。

在结构设计过程中，要解决书籍结构要素名称、设计概念、形象特征、应用材料等相关问题，书籍结构设计有助于书籍设计师全面掌握书籍设计中的整体要素，为创造性地设计书籍整体形象服务。结构设计中包含了护封的设计、腰封的设计、封面的设计、书脊的设计、环衬的设计、护页的设计、前言页的设计、扉页的设计、目录页的设计、版权页的设计、内页的设计、勒口的设计、订口的设计、切口的设计、封底的设计、书函的设计等。

二、书籍装帧风格元素的设计程序

（一）了解背景资料

设计者对所要设计书籍进行背景的了解，所要了解的背景包含：书籍内容背景、阅读群体背景、同类书籍当前设计手法与趋势等。对设计作品的背景了解得越全面，后面的设计就会越得心应手。

（二）收集资料

根据所了解的背景资料，收集相关有用的资料和材料，从中汲取设计元素及设计灵感。可以收集与书籍内容及书籍背景相关的资料；收集与书籍阅读者喜好相关的背景资料；收集同类书籍当前设计手法与趋势的案例；收集当前书籍设计及其他设计领域前沿的设计手法；也可以做一些书籍设计小样的尝试。同样收集的资料越全面、越到位，后面的设计越能做到恰到好处。

（三）定位设计风格

好的书籍设计师知道如何让自己的设计在情感层面上触动人心，懂得如何让文字讲述故事；如何让色彩营造氛围；如何让版面符合主题；如何让图像深化情节等。而这些实现的前提是准确定位设计风格。定位是否准确取决于前期资料搜集的程度及对设计整体的把握。因此，在定位设计风格阶段，应将设计完成初稿。

（四）电脑辅助设计

如今，无论是做哪一类设计，电脑辅助功能都不容忽视，书籍装帧设计也不例外，书籍装帧设计通常需要使用平面设计类软件进行封面及内页的设计及排版，甚至有的时候需要三维软件来实现基本的展示效果。

（五）确定设计方案

经过前面这些步骤的积累，最终确定设计方案。这里所指确定设计方案，更多的情况下是指电子稿的确定。在确定设计方案时，需要注意的问题包括：第一，要关注整体视觉元素的统一性，能够做到准确表达内容，凸显主题。第二，要关注书籍整体的韵律与节奏，好的节奏、韵律能传神、能造境、能使内容的整体感更强。第三，要关注书籍的空间感，无论是思维空间上的把握还是立体空间上的把握，都要仔细斟酌，认真思考。第四，要关注细节，细节决定品质，一本好的书籍装帧设计作品细节至关重要，甚至起到决定性的作用。

（六）制片打样

打样是为了更好的印刷，利用输出的胶片在打样机上进行少量的试印，以便和设计稿进行对比及校对。尤其是色彩和细节可以通过出样册更好地检查其是否准确。

总而言之，书籍设计从构思到实体成形，是一项浩大的工程，包含着内容的书写、编排、选纸、打印、装裱、印制工艺等，每一步都值得设计师认真仔细的思考并总结、积累经验、吸取教训，以便下次更好、更完美地进行书籍装帧设计。

三、书籍装帧风格元素的设计内容

（一）装饰图设计

附在书籍报刊中的图片，对正文中的内容进行更加详细的说明，以此加强作品的感染力和现实感，装饰图属于大众传播领域的视觉传达设计范畴，是一种艺术形式。按照书籍装饰图的作用来分，可分为技术性装饰图和艺术性装饰图。一种是技术性装饰图，即某些科技型书籍（天文、地理等）中的一部分，这类装饰图要能够准确地诠释出书籍中的概念和内容，在表达手法上也力求严谨、准确，并能将难以理解的内容形象化、简单化；另一种则是艺术性装饰图。一般用在文学类的书籍中，这类装饰图着重增加书籍的趣味性以及艺术性。文字内容是装饰图设计的前提，艺术性装饰图能够含蓄地体现文字所表达的内容。在进行书籍装饰图设计的时候，要把握以下艺术特征。

第一，从属性。就书籍设计中装饰图的功能而言，它不能脱离书籍而孤立存在。装饰图的设计要从整体书籍的色彩、内容、风格、形式考虑，它们之间有着密切的联系。装饰图作为装帧设计的一部分，要考虑在配置上与版面的一致性，考虑版面内部的版心、行、栏的位置、节奏等，考虑装饰图的表现形式与印刷工艺的配合、适应。有些时候看上去是一幅很好的装饰图作品，但是如果与整体书籍装帧内容不符的话，也不能称它是好的书籍装饰图作品。例如，将一幅充满童趣的装饰图作品，放入传统文化类书籍中就会显得不合适，而将水墨作品，作为科技感很强的书籍，装饰图也会显得格格不入。

第二，独立性。书籍中的装饰图具有从属性的特征，但这并不表示装饰图必须依附于正文。对于作者而言，书籍中的装饰图是二次创作，同样倾注了创作者的情感和对文章的理解。所以书籍中的装饰图具有独立性的特征，好的书籍装饰图作品也可单独作为一幅艺术品欣赏。

第三，整体性。在装帧书籍中，装饰图的应用也往往具有整体性的特征，这样的装饰图设计会使整体的书籍内容具有连续性、统一性，用相同的装饰图绘画形式和元素贯穿于整本书籍，或是系列书籍，始终表现出装帧风格的统一。

第四，审美性。装饰图设计作为书籍装帧设计的一种存在方式，自然有着美化书籍的作用，且是书籍内容和风格的直观体现，装饰图的存在也是书籍内容审美方式的再现。

（二）文字与图形设计

文字作为图形的一种形式，已经成为书籍版式设计，是平面设计中不可或缺的关键因素。当文字作为一种元素与图形组合重合时，不仅仅是传播信息，更重要的是传达出设计的美感与艺术性。在做具体的设计时，一方面，要尽量按照图形中的某些形态、色彩、走势等来合理安排自己的文字；另一方面，也要使文字本身所表达的含义与图形达成良好的统一。

（三）色彩构成设计

色彩构成作为艺术设计的基础理论之一，自然也与平面设计，以及书籍版式设计密不可分。色彩构成设计是连接书籍各个元素的纽带，和谐、恰当的色彩组合能够调动读者的阅读兴趣，也能够强有力地刺激出各种情感。在很多时候，色彩在视觉传达中的作用是优于图形和文字的。人们远距离接触书籍时，不能进行深阅读，而色彩的构成设计就成了吸引人们的条件。不同的书籍在设计时，采用的主体颜色也不一样，例如，儿童书籍需要色彩艳丽、娇嫩活泼、充满童趣；艺术类书籍需要追求色彩的新异、个性以及视觉冲击力；科学类及专业性较强的书籍则需要严谨端庄，不需要对比强烈的色彩感受等。使用色彩的构成设计，创造出不同的色彩感受和视觉效果。书籍设计的色彩效果与印刷的工艺、材料等都是密切相关的，设计者在运用时，也要了解各种印刷工艺、材料等的特征，合理利用不同的处理效果来进行书籍设计。

（四）版式设计

内页版式设计是书籍设计的重要内容，其任务是合理编排正文内容，安排好各个段落文字、图片以及各种符号的疏密、大小关系，将各个书籍元素构成完整的、有艺术性的版面内容，并能与开本等其他装帧设计相一致。在设计中，通常有以下三种普遍的版式：

第一，传统版式设计。特点是版心偏下、天头大、地脚小、文字自上而下竖排于界栏之中，行序自右向左，这种版式多用于以中国传统文化为主的内容编排中。

第二，网格版式设计。其特点是运用数字比例的关系，把版心的高和宽分为若干栏数，这样的版面具有一定的节奏变化，但是，在设计时，要注意不要一味地考虑网格结构而忽略了灵活运用，要进行创意性的设计。

第三，自由版式设计。这样的设计突破了人们对以往版式设计的认识界限，强调视觉规律在版式设计中的心理作用。自由版式既不像传统版式那样中规中矩，也不像网格版式那样条理清晰，它的版心是没有界定的，其中的文字、图形及字体的大小、形态可以自由编排，可以更好地表达作者的设计心理及艺术情感。

四、不同书籍装帧风格的设计案例

（一）印第安书籍装帧设计中的图腾文化

随着艺术的日益商品化和新材料、工具的出现，书籍的表现已远远超出了传统范畴。书籍设计中同样蕴含着艺术的各种概念。当形式有了姿态，它就立刻鲜活起来，一本普普通通的书，会因之活泼生动，使人爱不释手；当形式有了姿态，它也就有了生命，它会和读者交融，也能发出情感的信息，同时也就使书籍产生了主动的态势。当我们把设计的功能暂时隐没，对形式进行挖掘，这时的概念会变得无比强大，同时也具有了无限的可能。

人类社会进入现代社会以来，由于科技和经济的快速发展、互联网和多媒体的出现，全球化时代已经到来。设计元素为更简单地获得大众的眼球而趋于通俗化表现。在日趋单调的演变中，部分人开始追寻发掘具有民族特色和区域特色的艺术表现，复古时尚的出现、民族风的盛行，无不证明人们对独特艺术的追崇。世界之大，各类艺术争奇斗艳，具备色彩表现力，造型奇特的印第安艺术更加有趣。印第安民族是古老神秘的美洲民族，它神秘的历史和古老的文化引人研究探索。印第安人一致认为不论是树木、动物还是人类，万物皆有灵性，印第安艺术家们将这种认识反映到他们的艺术创作当中。印第安人的艺术充斥着动物和自然力量的形象，图腾艺术是印第安文化的最集中的体现。书籍内容及设计围绕印第安图腾艺术，带着对艺术的热爱，将图腾艺术运用到设计之中，使他们的设计更具价值，具有文化底蕴。通过对印第安图腾艺术在插画设计中的应用，达到了把艺术形式准确地运用到设计中的效果，体现了艺术的商业价值，丰富了大众的艺术视野。印第安艺术也是大众潮流文化市场的需求，将它运用到书籍设计当中，可以让更多的读者感受印第安艺术的魅力。《印第安图腾文化》的设计具体内容如下。

第一，《印第安图腾文化》的开本的设定。《印第安图腾文化》由两部分组成：第一部分：九个方形小册子，成品尺寸为：9.2cm×9.2cm；第二部分：一本方形大册子，成品尺寸为：29cm×29cm。

第二，形态的斟酌。第一部分的九本方形小册子，可以用于展示印第安文化中的图腾图案；第二部分的方形大册子，用于介绍印第安文化及图腾历史等。在整体设计中，尽量遵循极简原则，注意空白的妙用，让装饰语言从属于整体风格之下。最终效果所用材料的质地，尽量能够贴合印第安风格主题。反复斟酌第一部分与第二部分，如何更好地结合在一起，把握好表现风格，并考虑各个环节的整体性。

第三，纸张的表现。纸张是书籍的灵魂。在纸张的选择和表现上，力求使纸质的感觉尽量符合印第安文化给人的感觉。纸张是有情感的，纸张的肌理、质感能够反映文章的性质和书籍的品质，合理选择纸张能够升华书的品位。在本书的设计中，设计师对铜版纸、皱纹纸、羽毛纹理手工纸、伊文斯纸、牛筋纸、画布纸、和纸、稻草纸、古树纸、白银丝絮手工纸等纸材及纸的替代品麻布做了考察和比较。特殊纸材的应用可为增强书的感染力起到一定作用，表面轻微粗糙的纸会在翻阅图书时与读者的肌肤产生摩擦，而使人心理上产生实在感、厚实感和亲切感，其在视觉上也较普通纸张更胜一筹。最终的书籍实物中选择了铜版纸、伊文斯纸、羽毛纹理手工纸、画布纸、古树纸和麻布。其中，九本小册子用古树纸和麻布做封面，内页用伊文斯纸做底、牛筋纸打印粘贴；大册子封面用铜版纸与麻布结合，羽毛纹理手工纸做环衬，内页用铜版纸，皱纹纸等，并采用激光打印。

第四，版式的编排。版式的编排对于书籍设计也是不容忽视的，设计师对于版式的编排力求简洁，小册子的排版，主要采用曲线将图腾图案联系在一起、跌宕起伏。色彩与图案的点与之前的曲线形成了点、线、面的和谐韵律。大册子的排版中正文采用的是笔画厚重、朴实而端庄的宋体，书的页码都是使用淡淡的灰色，整体风格民族气息浓厚。

第五，制作成形及形态的延伸。通过最终成书的表现效果来思考形态的延伸。例如，在售书时摆放的方式，及由摆放方式产生的视觉效果等，均属于书籍本身设计形态上的延伸。

第六，设计点评与总结。《印第安图腾文化》分为两个部分，每一部分都渗透着作者对民族文化的热爱和理解，以及理解后对其的编排设计。两部分分别以印第安图腾及其文化的发展为主线，形式新颖、内容丰富、文字的编排、色彩的应用都较为得当。书籍选用了特殊纸张及纸张的替代品麻布，并采用横开本的书籍形态，使设计无处不在。书籍设计的好坏并不在于题材选取的高低难易，而在于是否能将所选用的题材表现得恰到好处。书是一个综合体，一本好书应该是内容精彩、手感舒适、外观美好的，本书从形式到内容都很“印第安”已经很不容易，如能在细节上再做推敲，效果会更好。

（二）日本书籍装帧设计中的意境与哲学

1. 注重本民族的文化特征

简约，是日本民族文化的重要特征之一。近代以来，一直以传统文化和现代西方文化两条腿走路的日本，其简约的文化特性与现代主义的简约设计不谋而合。简约化与单纯性设计风格，成为日本现代设计艺术的重要美学特征。但是，其与现代主义的简约及单纯的形式与内涵又具有一定的差异性。

作为日本艺术根基的“单纯”其实不是这样的，那是一种立足于某种精神主义而对漫无边界的东西进行的集约化。将那些在商品形象中承载不了的东西如抵制浪费一样摒弃，以这样简单的形象为思想的融入留出空间。不论石庭、茶道还是能乐，表现形式都可以说是一种从和谐的对话中抽象的对自然的精神告白。然而，在现代的“单纯化”中，并没有这样优雅的对话，这段论述道出了日本设计艺术简约与单纯性的特征与本质，其简约性注重传统文化精神内涵，日本的书籍装帧设计也体现了这种简约的意境与哲学。

2. 注重本民族的色彩意识

（1）朱红色：日本书籍的封面、环衬，以及精装函套多用朱红色，代表喜庆、响亮和成熟。这种色彩在日本应用得很早，尤其有代表性的是应用于建筑物。一般日本木造建筑构件不加油饰而保留木料本色，只有全国各地的神宫建筑所用的木质构件才涂上一层丹砂，其原意为防止虫蛀。丹砂呈朱红色而用于神宫，所以延续下来就成为一种神圣的专用色。另外，红色还包含有生命力和成熟的含义，用于书籍则象征着作者个人风格的成熟。

（2）白色：远在蒙昧时期，日本人就把白色视为太阳的光芒加以崇拜。江户时代，白就是美，所以那时盛装的女子是一律要用大白粉将面部涂满。目前，日本书籍用白色作封面底色的倾向越来越明显。例如，现代诗集、外国作品译著常用白底色，一些大部头的工具书也同样如此。

（3）茶褐色：日本古代曾有过百姓只准穿茶色衣的规定。时至今日，传统剧目歌舞伎的演员依然穿茶色衣。茶褐色给人一种质朴、稳重的视觉美感。选用茶褐色、纹理粗糙的织物，来作为《中国书法大观》一书的函套用料，效果甚佳。《中国书法大观》这部系列丛书是由日本年轻的设计师山崎登负责装帧设计的。他们善于把人们对日常生活中的土地色、食品色及肤色的情感与茶褐色融为一体。

（4）紫色：在各种紫色颜料中，有一种叫作“帝王紫”，这种紫色并非植物性和矿物性的颜料，而是人们从汹涌的大海中，获得的一种贝类的分泌物，最早出现在地中海沿岸。因成本极高而成为王室的奢侈品，故命名为帝王紫。日本人没有回避这种外来紫色，而是加以适当的利用。久而久之，紫色成为日本传统用色之一。在书籍封面上，用紫成为历史类图书的常用色。例如，《百人一首》这本书是属于古代俳句类的文学书籍，封面、扉页及目录页均采用紫色褪晕的装饰手法，十分高雅。

3. 注重发挥文字的装饰效果

日本文字本身就有别于其他民族。与我国方块汉字相比，他们有活泼的假名字母；与拉丁字母相比，他们又使用汉字。因此，为封面文字的变化提供了一个先天的条件。当代日本常用印刷字体，有“明朝体”、黑体，以及现代变体字。此外，还有一种叫作“勘亭流”字体，这种字体是从江户时代歌舞伎演出节目的广告牌所使用文字演变而来的。至今，在日本古老的“相扑”比赛场地中，选手的名字还是用这种字体写在告示牌上的。

日本书籍装饰艺术家十分注重文字的构成。一本书的封面、扉页、前言及目录字体的选择和安排，是构成整体装饰的重要因素。从一定意义上来看，文字也是一种装饰。日本书籍封面用字一般都比较大，有时作者姓名的字号不亚于书名的字号。例如，粟津洁设计的一本书，封底封面上作者的姓名占满版面，书名仅在书脊周围安排，这显然是起到广告作用。日本封面文字的组合非常自由活泼。书名很长的往往被断为数节，且高低参差。有的仅有一个字，却又像撑开版面似的大。进入 20 世纪 80 年代，电脑照排机的广泛应用，文字可长、可扁，歪斜旋转，可谓随心所欲。尽管文字有五花八门的变化，但是，如果仔细观察一下，就可以发现把书名安排在封面下部的却如凤毛麟角，其原因来自出版商的担心，放在下部会比别家出版社将书名放在上部的书，进入读者视线的时间晚，从而影响销售。因此，大家都忌讳把书名放在封面下部。

4. 力求使传统图案充满时代感

在书籍装帧设计中，借助传统图案可以增强民族风格的表现力，这一点不难办到。问题在于传统图案的描绘，不能总是停留在传统的描绘手段中，借助传统还要赋予它时代的气息。蝴蝶变形是日本传统图案的一个主题。现在采用的最新式电脑拼版机可以把设计者的大胆想象付诸现实，产生出人工无法绘制的、变化万千的蝴蝶图案。

此外，大型高倍电子显微镜下的微观世界神秘而新奇，是科技书籍封面装饰的素材。用连续高速的摄影手段所记录的运动线，使体育书刊的装饰更富于活力。喷笔的技巧现在正推广开来，它可以仿制出照片的细腻效果。海浪的变形图案也是日本常见的传统图案，照样搬用则显陈旧。他山之石，可以攻玉。日本书籍装帧艺术在继承和发扬民族传统等方面有许多值得我们深思和借鉴的。换言之，立足传统，努力开拓，越是具有民族性，越是世界的财富。

（三）德国书籍装帧设计中的实用与功能

1. 永远的理性主义

设计最基本的两个要素是功能和样式，它们是设计存在的内容和形式。在功能主义的认知中，在创作之中，功能的实现是首要考虑的问题。形式的变化应服从功能的要求，样式主义则恰恰相反，认为设计创作中样式的新奇和夺目才是最重要的。它还将视觉的感受永远先于触觉的感受来考虑，为了达到这一目的甚至不惜以牺牲部分功能为代价。而在设计中，需要学习的并不是一味地追求功能主义或者样式主义，而是在充分发挥本国设计内涵的基础上，在这两者中找到平衡点，力求最完美的效果。

在设计多元化发展的形势下，德国主流设计依旧保持着它固有的理性功能主义风格。德意志人宏观的社会责任感，使他们始终将设计作为一种全民的事业来考虑，无论是消费者还是生产者，都自觉将设计置于道德和伦理的复杂环境中予以讨论。设计的道德教化功能被看成是一种最高贵的品质，人们在追求书籍的美观和适用之外，更强调一种文化内涵。提倡设计的简洁、朴素、严谨和符合功能性。德国的设计不受任何固定模式的限制，设计师的思维往往具有发散性，一切从读者的需要出发，以满足功能为目标。

2. 字体创作

德国现代的字体创作，在国际上占着领先的地位。在字体创作中，古典的方向起着主要的作用，有着严谨、朴实、生动和清新的特征。很久以来，莱比锡的蒂波阿尔特铸字所、法兰克福的鲍埃尔舍铸字所，以及斯滕佩尔 AG 铸字所生产的活字，在国际上享有极高的声望。

3. 版式设计

在版面设计中，古典主义是主要的方向，风格严谨、朴素大方。但是在科学书籍、科普读物、青少年读物、摄影画册和美术画册中，新客观主义的方向得到发展，它的影响越来越大，常常可以看到非常成功的试验和新的发展。古典主义版面设计的主要标志是对称式构图，新客观主义版面设计则相反，是非对称式构图。它们表面上看来是互相矛盾的，实际却是互相补充的。

德国的版面设计强调表现作品与读者之间的联系，好像是平面图上的建筑设计，把实用与美观巧妙地结合在一起。扉页的版面设计往往应用简练的形式，达到表现或象征书籍内容的精神。德国版面设计的一般规律为：使用的字体不超过三种型号，排成大小不同的三个行组，形成适当的对比和层次，烘托主题，引起美感，使读者一览无遗，从而获得对内容的了解。他们的字体设计十分多样，便于根据插图的风格选择合适的字体；文字与插图的编排十分严谨，力求互相衬托，主题鲜明，成为浑然一体的艺术品。

4. 书籍插画设计

德国的插图是丰富多彩的。从埃伯哈德·赫尔舍编著的《德意志现代插图家》一书中，可以看到插图家们高超的表现技巧、广泛的表现方法和题材范围以及多种多样的艺术风格。著名的插图家有约瑟夫·黑根巴特、马克思·施维默尔·卡尔·勒辛、韦尔纳·克伦克和奥托·罗塞等。克伦克的插图具有浓厚的装饰趣味，充分发挥了木口木刻特有的材料性能和细腻的刀法，代表作有薄伽丘的《十日谈》的插图。克伦克和勒辛都是德国今天最有成就的木口木刻插图家。值得注意的是，近年来不少插图家亲自为胶印插图修版加工，甚至用木刻、石版画、铜版画和丝镂印的插图原版直接在书籍上印制（有的木刻原版可印达两万册之多），提高了插图的真实性和艺术质量。

5. 印刷技术及手工书

德国的印刷技术和印刷机械是世界闻名的。印刷厂的自动化电子化程度非常高，在科技书籍和乐谱雕版印刷方面，质量也很高。特别是凹印和胶印的画册，由于在印刷上能够最真实地反映原作的面貌和优质的纸张、油墨、装订以及十分讲究的装帧设计，各方面和谐的配合，达到了世界领先水平。德国书籍机械化装订的质量很高，有专门的工厂生产封面用布料，品种繁多，并有大量出口。

手工装订的书与法国书一样，由于高超的技巧和精湛的设计，在世界上享有盛誉。这类封面大多采用贵重的皮面材料，并具有浓重的手工艺技巧的特色。在德国，几乎所有的机械化装订工厂中，都设有一个小型的手工装订车间，以它的艺术质量作为书籍装订的表率。学徒都要先经过手工装订的训练，才能进入机械化装订生产线。

科技书籍的护封受到版面设计的支配，一般是在稳重高雅的色彩上配上朴素严谨的设计，显示出它特有的风格特征，在今天追求豪华的以及不惜工本的大量护封中，这种简练和朴实的设计给人以亲切舒适的感觉和相对突出的效果。摄影画册和美术画册的护封比较华丽，用得较多的方法是选用其中一幅或几幅质量最好、效果强烈的图片，加上一行简单朴素的书名。青少年读物和儿童读物的护封，常常有着鲜艳的色彩、巧妙的构思，画面活泼而有趣、耐人寻味。

德国培养书籍艺术专门人才的中心，是莱比锡书籍艺术和版画高等学校及设在这个学校的书籍艺术研究院。它以优异的成绩影响着周围许多国家的书籍艺术，至今已有两百多年的历史。著名女版画家凯绥·柯勒惠支也在那里工作过。如今，在阿尔伯特·卡伯尔的领导下，培养出许多优秀的青年艺术家。卡伯尔不仅是一个杰出的字体设计家、版面设计家和封面设计家，而且是经验丰富的教育家。另外，还有瓦尔特·布鲁迪和奥伊根·丰克领导的斯徒加脱书籍艺术学院，以及黑尔贝特·波斯特领导的慕尼黑德意志书籍艺术专科学校。这三个学校被称为德国的三个书籍艺术中心。法兰克福和莱比锡是德国的两大书籍城市，生产着德国近半数的书籍，并在那里每年分别举行有几十个国家参加的国际书籍博览会。

德国于 1929 年开始举行一年一度的“五十本最美的书”的评奖活动。该评奖活动是鼓励和发展书籍艺术的重要方式。评选委员会对本年度的书籍生产和书籍艺术的经验进行总结，提出今后的发展方向，对于落后的出版社和印刷厂，也给予公开批评。评选“五十本最美的书”的原则和标准可概括为：①装帧必须能体现书籍的内容精神，符合出书目的，以及对不同读者对象的考虑，有利于进步文化的发展。②装帧必须经济、实用、具有最高的技术和艺术水平。③书籍的各个部分必须达到整体的和谐美观。④鼓励对历史传统的批判吸收（不是生搬硬套），以及探索新的表现形式的试验（不是赶时髦）。⑤鼓励对廉价的装帧、活泼美观的普及本的努力。德国书籍艺术的特点是严谨而不失机灵活泼，对于一本书力求整体的和谐一致，特别是在字体创作和版面设计上有突出的成就。

（四）英国书籍装帧设计中的古典主义情怀表现

1. 工艺美术运动的影响

纵观英国设计的整体脉络，其发展一直在传统与现代的抉择中徘徊前进。从“工业革命”爆发后，人类技术、生活，以及意识形态都发生了较大的变革。英国工业、制造业得以较大发展。但这种机械工业革命的出现也导致社会情感体系震荡，产生了对新型机械工业文明所引发的一系列问题进行反思的“工艺美术运动”。当时，英国弥漫着自由主义、复古情怀、唯美主义、民族情结、重商思潮等多种人文思潮。

工艺美术运动的基本理念，以及基本精神，在一定程度上，是这许多思潮彼此交叉融合的结果，其既是一种艺术态度，也是一种哲学主张。在面对“手工与机器之关系”的问题上，工艺美术运动创始人威廉·莫里斯，也并非一味地否定机械文明的价值，而是采取了实事求是的态度，或者说是一种辩证观点，即作为一种生活情态，机械化生产无疑是一种罪恶；但是，作为一种已经并且或许仍将有助于我们创造出更为理想的生活情态的手段，机械又是不可或缺的。基于这样的传统，英国的设计师善于使用自然简约的设计风格，他们希望能创造出全新价值、重回自然、重拾人性，而多元化也成为当代英国设计发展的基本趋势。

2. 德国书籍设计之父——威廉·莫里斯

莫里斯主张从自然主义和哥特式风格中寻找设计的新出路。哥特式风格在装帧设计中的体现主要指中世纪后期的一种神秘、唯美主义的风格，表现在书籍设计中主要是插图风格的忧郁、神秘。莫里斯汲取了其中唯美主义、神秘的特点，将书籍当成精致的艺术品进行限量出版发行，拒绝大批量的工业化出版。

莫里斯设计的书籍封面与扉页大多采用神秘、唯美的哥特风格，内页却是简单明快的自然主义风格。那时的书籍封面和版式设计大多比较精美，且有大量的装饰花纹，而莫里斯在设计的书籍中努力恢复中世纪手抄本的精致特征。不论是封面设计还是内文的版式设计，都以大量的花草纹样作为底，并将自然植物纹样抽象变形成线条与文字相互映衬的纹样。莫里斯设计的装饰纹样的基本主体是植物，大量的植物藤蔓与舒展的硕大叶子缠绕，再点缀以花朵、果实装饰，让整个画面被植物充实，充满着浪漫主义的神秘与自然。而在书籍设计中这些纹样或是全部，或是截取单一的元素应用于版式装饰纹样中，看上去很饱满，充满自然的朴实感和神秘感，给书籍增加了亲切真实感和吸引力，让整个书籍生动、更显精致。

（五）美国书籍装帧设计中国际主义的新锐洒脱

美国的书籍装帧设计在继承欧洲传统和彰显国际主义风格的同时，表现出独特的新锐风格。中世纪的西方人们偏爱使用金色、银色、鲜艳的颜色绘制图案，用来装饰书籍的书名和空白部分，并且将这种艺术称为 Illumination。Illumination 这个词原来的意思是“照明、照亮”。书页上华丽的金、银装饰，照亮了那些被人们所珍爱的珍贵书籍，使它们即使在黑暗处也熠熠生辉。在20世纪，已很少有艺术家用真金来装饰书籍，而美国书籍的设计师安吉洛所设计的《莎乐美》，书籍的每一页四周都有华丽的黄色边框，还有用波斯红色印刷的波斯花饰，每隔几页，他就设计一幅用波斯蓝色、波斯橙色和华丽的黄色与黑色印刷的波斯风格插图或图案。在每一页插图上他都用手工涂上金液点缀，最后再打磨，使金子闪闪发光。所有这些鲜明的色彩，又得到用黑色布料做成的封面和黑色字体的映衬，使整本书显得华丽而又不轻佻。

当代许多美国书籍设计都采用对比、特异、夸张、变形等多种方法来达到突出的效果。特异就是不同一般，设计中的特异手法是将一种因素经过重复处理，仅有一种元素与众不同，成功地使这种元素成为视觉中心。以前从视觉艺术的角度偏重图形、插图、摄影的方法，其实是有问题的。文字不应该被忽视，反而应得到与其他平面因素同样的重视。

第四章 书籍装帧艺术中的形式美

第一节 书籍装帧中文字的版式编排

版式中的文字排列也要符合人体工学，太长的字行会给阅读带来疲劳感，降低阅读速度。分栏是版式设计中对大篇量文字执行编排的一种方法。栏的形式有单栏、双栏、多栏，以及半栏等多种，采用何种分栏的形式，要根据版面面积、形状、插图、文字的多少、字体的种类等综合因素而灵活运用，一个版面中也可同时采用多种分栏形式以使版面显得活跃。

一、分栏设计

分栏，又称网格制，是在版式设计中，将页面划分为若干栏，以便读者阅读和内容展示。正确的分栏使版面显得灵动，有助于内容的组织，让读者更容易理解内容。常见的分栏有通栏、双栏、三栏和四栏等，一般以竖向分栏为多。

第一，通栏，是指整版面编辑不分栏的设计形式，这样的版式具有视觉冲击力，引人注目。采用此版面设计要求文字较少。一般而言，竖版通栏较多见。

第二，双栏，图文结合的版式设计可以考虑双栏，横向或竖向的双栏设计，也是设计上经常采用的版式设计方法。双栏的设计，方便阅读、节省空间。

第三，三栏、四栏的排版设计，具有更强的规范性和秩序性，可以准确地引导阅读的视觉流程，否则易产生阅读上的条理混乱。

总而言之，很多优秀的版式设计作品，在应用分栏的设计中，都不是呆板地应用某一种，而是几种分栏形式互相搭配使用，而且根据宣传媒介的不同，传达内容多少的不同，采用的分栏排版形式也有所变换。

二、行宽设计

最佳行宽是80～100mm，也可根据字的大小进行调整，调整幅度控制在63～126mm之间。63mm行宽可排列五号字17个，126mm行宽可排五号字37个。常见的32开书籍中，行宽约为80～105mm，大概排列25～30个文字。除了行距的常规比例外，行宽行窄也是依据主题内容而定的。

三、字号设计

字号表示字体的大小。计算机字体的大小通常采用号数制、点数制和级数制的计算法。通常情况下，标题、广告语多选用较大字号，突出视觉冲击力，而且能够使读者一目了然地清楚主题。正文、副标题、前言等多用相对较小的字号，与主题文字拉大差距，从而使版面主次分明。在实际设计中，还应根据版式设计的具体内容而定。

四、字距、行距设计

字体间距离应该选择为字体宽度的10%，过紧的字体会使文字分辨有难度。行距是字体高度的2/3，或是一个字体的高度，行距太小会导致阅读困难；行距太大，在大面积的正文中会显得空旷，用于少量文字的编排会显得比较舒服。但对于一些特殊的版面而言，字距与行距的加宽或缩紧，可以体现主题的内涵。字距的疏松排列，使观众能感受到自由的空间，文字之间留字距，形成一体化的形式风格，形成新颖别致的版面效果。当然，字距与行距不是绝对的，应根据实际情况而定。

第二节　书籍装帧艺术中的图形表现

“从某种意义上讲，没有书籍装帧就没有书籍，这就像精神与躯体的关系”①。图形语言是书籍设计中的重要视觉元素，图形语言中词汇的选择和组合，以及新的表现手法的融入，直接影响到书籍的整体设计。随着电脑、各类影像设备的普及以及应用水平的提高，越来越多的书籍设计师开始关注图形语言多元化的表达，以及对于书籍整体设计的影响。图形语言的艺术性越来越强、表现手法越来越丰富，在书籍的设计中，了解并运用这些图

---

① 闫小荣，熊英. 漫谈书籍装帧设计［J］. 河北旅游职业学院学报，2015（2）：88.

形语言是学习书籍设计必修的环节。

一、艺术元素图形的表现

艺术元素图形是随着人类审美意识以及审美需求的不断提高发展起来的一类图形，其用途主要是满足人们美化生活环境、表达和表现人类的情感与生活的需求。艺术类图形通常也称图形艺术，属于视觉艺术范畴，是艺术的一个大门类，形式和内容极为丰富而广泛。艺术图形的种类纷繁复杂，特别是进入现代社会后，出现了艺术、功能、技术、材料方面的相互渗透与借鉴，形成了许多交叉的品类以及形式，突破了传统意义上的纯艺术与实用艺术的界限、绘画与工艺美术的界限，使艺术图形的分类变得更为复杂，难以精确划分。艺术元素图形的表现的具体分类如下。

（一）纯艺术图形

所谓纯艺术图形，是相对于有实用目的的图形而言的，完全的纯粹的艺术实际上是不存在的。我们通常讲的纯艺术，主要是指强调艺术家个性的创作，种类主要有传统概念上的油画、中国画、版画、漆画和现代的综合材料绘画等，其形式和艺术语言主要有写实表现、抽象表现和介于两者之间的装饰表现。纯艺术图形往往是时代艺术风格的先导。

（二）装饰艺术图形

装饰艺术图形是种类最多、形式风格最为丰富的一类，属实用美术，主要用于建筑装饰、环境装饰、器物装饰等，如壁画、建筑浮雕、壁挂、装饰、包装设计、服装染织、书籍设计、广告设计等。装饰艺术图形的艺术形式则以抽象或半抽象（装饰变形）为多。

（三）民间艺术图形

民间艺术图形主要是指各种传统手工艺的图形，主要由民间艺人和民间艺术家制作。这类图形一般有较强的传承性和传统性，较多地体现民间的传统文化，富有地方色彩，种类也特别丰富，如陶瓷、编织、剪纸、面具、泥人、风筝等，这些图形往往和民俗活动有着密切联系，是传统活动的组成部分。许多有创意的民间艺术家的作品，也带有纯艺术的性质。

二、影像元素图形的表现

摄影是一种视觉语言，它与绘画、书法、电影、电视等其他艺术门类一样都是一种独立的艺术形式和艺术手段。20 世纪 90 年代末期，随着电子计算机、网络的普及化，全球进入数字化信息时代，数字照相机也应运而生。在信息时代的今天，世界因为交流的频繁、快捷，在感知的层面变得越来越小。在这种世界性的交流中，可以说图形是一种最为国际化的语言，无论是来自哪个国家、哪个民族、说何种语言，通过视觉图形，都能够彼此传达信息，由此，“读图时代”到来，而摄影无疑将在这个时代担负起前所未有的重任。影像元素图形的表现，具体内容如下。

（一）影像图片

数字影像可以说是一种以计算机数字文件形式存在的影像。随着数字化摄影技术的不断发展，数字摄影技术不断完善并被广泛应用，使编辑图片变得更加轻松，在拍摄的时候我们可以直接看到即将得到的图片，这使得拍摄者可以有更多的精力放在拍摄的对象上；所得的图片可以立即通过电脑进行处理，而不再像以前必须走出家门，到特定的地点，使用特殊的设备和技术以及焦急的等待之后，才能看到最终的图片。这些较大进步所带来的不仅仅是大量时间、精力和资源的节约。摄影艺术的特点在于它的空间感、立体感、物体的质感、动感、节奏感和韵律感等。以具有纪实感的影像展现书籍的内涵，使艺术更贴近生活、贴近大众，唤起读者的情感，影响读者的心灵，拉近书籍与读者的距离。

（二）图形摄影

书籍设计中的超写实的画面逐渐被摄影图片所取代后，设计师的主动性和自由度在这一变革中得到空前的施展，这使设计师根据需要亲自拍摄创意图形成为可能。当影像介入书籍设计后，改变了传统书籍设计模式，呈现出别样的表现形式和艺术风格，它所带来的不仅仅只是三维立体形态的二维平面化呈现，更多的是一种心理效应。在将设计意念直接通过拍摄来实现的过程中，设计师的主观能动性能够不受约束地充分发挥。

“图形摄影”概念，即是把图形设计与数字摄影相结合，意在运用摄影手法直接拍摄出具有自身语言的图形。摄影即图形设计本身，相机就是图形设计的直接工具。它只为自身所呈现的“有意味的图形”而存在，并不以准确表现任何实物对象为最终目的。这样一来，对具体物象描绘得清晰与否，完整、优美与否，色彩丰富、艳丽与否，曝光准确与否等，都不再是衡量图片成功与否的关键标准；是否能运用摄影的各种技术手段，拍摄出准确传达设计者所需要的、给人以某种不同感受的个性化的图形才是最终的目标。

根据设计内容的需要，所摄得的图片可能是模糊的、残缺的、灰暗的、无法辨别具体物象的，但一定是情绪化的、个性化的，具有图形的语言和形式感，传达着设计所需的某种情感基调和信息，是经过设计师在拍摄的一刻取舍、组合了的视觉图形。有此类明显特征的摄影作品称为“图形摄影”，以区别通常概念下的摄影作品。将图形摄影的理念运用到书籍设计创作之中，运用数字摄影技术与图形设计理念相结合进行书籍图形的创作，将会是书籍图形设计发展的一个方向。

（三）影像再设计

以摄影方式获得的图片图形录入电脑后，也可根据设计需要进行修改或再设计。各种艺术的风格都可以通过再设计呈现出来，写实表现、写意表现、超写实表现、符号象征、抽象表现、具象表现等各种表现形式都可以通过电脑后期处理获得，影像再设计拓宽了书籍图形创作空间，允许设计者根据书籍内容的不同对原始的影像进行设计，发挥自己的想象，创造出各种意想不到的视觉效果。

现代图形软件功能强大，无论是拍摄还是扫描的图片，设计者都可根据创作意图对画面进行任意的裁切、拼贴、组合，对色彩可随意进行调节，通过软件滤镜等智能功能，对画面进行处理以实现再设计的准确传递。事实上，影像元素的运用已经远远超越了人们的想象，这证明了科技文明的成果在不断拓展人们的价值观念的同时，也使得艺术自身的表现形式不断更新。在这个数字化的时代里，电脑及数字技术在很大程度上拉近了摄影和书籍设计之间的距离，使摄影直接为设计师所用成为可能。影像图形将会成为书籍图形设计的一种重要手段。

三、文字元素图形的表现

文字是人类社会交流信息的一种语言形式。书籍以文字方式来承载和传递信息，文字在书籍中有着广泛的应用，如书名、作者名、出版社名称、版权页信息以及书籍内容等，都需要用文字来呈现。文字设计的首要任务是版面文字的视觉化处理，就是透过恰当的文字设计，使图文的阅读顺畅舒适并且实现相应的阅读功能，它在书籍设计作品中起着不可或缺的作用，是许多书籍作品追求的最终目的，甚至有相当数量的优秀书籍纯粹是用文字构成的。

图画与文字均是一种符号，用以表情达意，交流传达信息。文字设计与图形设计是同宗同属的，但文字设计不等同于图形设计。图形设计需要符合一般的审美规律及要求，而文字设计在此基础上又增加了识别性要求。文字设计是图形设计的一部分，从图形角度上讲，可以称作“有识别性的图形设计”。文字图形化设计成为文字的艺术性表达的具体体现，所谓文字图形化设计，就是对文字进行的设计，以文字为元素进行创意设计形成的图形式样。文字的图形化程度越高，其识别性就越弱；反之，其识别性越强，图形化程度就越低。在文字设计过程中，需要时刻关注文字的识别性，使造型既有较强的艺术感受又能够被有效识别。

文字应准确而易认，准确是为了不引起误解，而易认则是为了便于识别，这就是文字的实用性的体现——为了识别。文字的形象也应力求优美，使人赏心悦目，并且使所要表达的对象得到更充分的个性体现，这就是文字的艺术性要求——为了美观。书籍设计中的文字元素图形不是对文字进行的单一设计，它是把文字作为书籍设计中的一个或多个设计元素进行的全方位的整体设计，是从书籍整体角度系统把握文字元素图形在书籍设计中的表现形式和功能。对于单组文字元素图形而言，一方面，需要考虑造型结构上的合理性、整体造型的艺术性；另一方面，需要与书籍的内涵相契合，图形的选取、文字内容的选择都需要依据书籍的内容而展开。对于整本书籍中的文字元素图形而言，需要站在系统的角度从视觉风格、设计手法、意义内涵等方面对各个文字图形进行把握控制。

书法是我国特有的一种图形艺术，与文学、诗词有缘，文化艺术含量很高，就这方面的意义而言，当属艺术元素图形范畴。然而文字有着广泛的实用性，书法作品也常被用作文字图形。书法元素图形是文字形态变化的一种具体体现，它所体现的是文字笔画、落墨之间的疏密关系，以及整体所产生的一种韵律感和节奏感。书法元素图形既能起到装饰美化作用，又通过文字可识别的特性传达某种信息、表示特定的意义，运用到书籍设计中可以传达出特定的视觉效果。

书法创作是视觉艺术活动，文字设计是视觉传达活动的重要组成部分，两者传达的内容不同：书法传达艺术家的个人精神感受，包含更多的艺术家个性化信息，文字设计则是传达设计对象的信息，两者传达的对象不同：书法的传达受众是某部分人，文字传达的对象是大众，评判的标准也因此发生变化。但是，在一般的视觉规律和技法上，两者可以相互借鉴融通。文字设计要注重吸收书法艺术的成果，以丰富文字设计的内容，提高文字设计的艺术效果。印刷体是文字设计的基础，而文字元素图形则是印刷体的艺术化发展，它们构成了文字设计的主要内容。

四、信息图表的表现

信息图表指信息、数据、知识等的视觉化表达。信息图表通常用于复杂信息高效、清晰地传递，其概念是将复杂、隐喻、含糊的信息通过筛选、分类、归纳整理，以理性方式加以认知，以图形、文字、参数相结合的方式揭示、洞悉、解释、阐明其内在联系，其目的是将信息以深刻理解、高效交流的图解的方式传达给信息需求者。信息图表是信息参数化的设计过程，是一套以逻辑关系与几何关系为基础对信息参数进行分析、解构、重组，而形成的适合于参数合理构建与自我增值的信息组织模式。其中，有数据组织模式、叙事组织模式、系统组织模式、空间组织模式、思维组织模式等。数据组织模式，即一种描述数据信息之间数学关系的参数方法，具体内容如下。

第一，叙事组织模式分为时间轴图和流程图。时间轴图，以时间信息为基础参照对象，描述空间或事件性质变化；流程图，以事件参数为轴，描述整体事件在空间中的流动变化情况。

第二，系统组织模式分为组织图、关联图、列表图。组织图，是描述信息参数间整体与部分或上级与下级的从属关系；关联图，描述在某一种特定关系下，信息参数之间的联系；列表图，以图表主题为信息主体，罗列与其有从属或相关概念的信息组。

第三，空间组织模式是描述真实空间点位的距离、高度、比例、面积、区域、形状等抽象的位置，或是形态关系。空间组织模式可分为物形图和地理图。物形图，是按照真实物质的存在方式，对其结构、比例、肌理进行抽象化表现的图；地理图，是将空间位置的距离、高度、面积、区域按照一定比例高度抽象化的空间组织模式图。

第四，思维组织模式中的思维导图，是描述人脑放射性思维的一种思维图形，是对人的心智思路进行记录的图形。思维导图由美国学者托尼·巴赞创立，他因在学习过程中遇到信息吸收、整理及记忆等困难，引发出关于如何正确有效使用大脑的思考，于是探索出“思维导图”这种图形工具。

视觉化信息图表设计的表现形式是多种多样的，如表示差额关系的有点状图、线形图、栅栏图、面积图、极坐标图；表示比率关系的有饼图、柱体图；显示组织关系的有树状图、列表图等，这些是更有想象力和表现力的艺术化信息图表形式。

第三节　书籍装帧设计中的色彩情感

随着时代的发展，人们对色彩情感的理解也随之上升。色彩被人们广泛使用，它成为产品最显著的外部特质，能吸引消费者的关注。色彩表达人们的信仰、愿望和对未来生活的憧憬。“色彩就是个性”“色彩就是思想”。色彩在书籍装帧中作为一种设计语言，是重要的视觉审美元素，也是审美情感的设计信息表达。色彩自身是没有固有情感实质的，可是它会引发观看者的情感波动。书的颜色给读者带来一定的情感，以从内部到外部的颜色吸引读者，缩短读者和图书之间的距离，达到营销目的。

每一种颜色都有不同的个性，每种颜色都有背后隐藏的意义，在不同的环境激发情感，影响感情。色彩是设计中的第一视觉语言，每本书让人首先注意到的就是书的色彩，所以色彩是书籍重要的组成部分，其强烈的视觉认知功能和情绪表达的优势，在书籍装帧设计中发挥着较大的作用，具有强大的吸引力以及表现力，能有先声夺人的成效，引起读者的回忆、遐想，并产生共鸣。书籍装帧中不同色彩能够使人们产生不同感受和联想，色彩情感在书籍装帧艺术中具有举足轻重的地位，是十分重要的设计因素。因此，在书籍设计中，如何充分利用颜色是十分重要的。

一、书籍装帧中色彩情感表达的形式

“功能美，结构美，材质美，色彩美等是一本优秀的书籍装帧不可缺少的一部分。”① 不同的颜色会给读者不同的心理感受。每种色彩在饱和度、透明度上略微变化就会带来不同的感觉，这主要是因为人脑对色彩的不同反应而产生的。下面以《本色西安》书籍装帧中的色彩情感表达为例，阐述书籍装帧中色彩情感表达的形式。

（一）色彩对比所表达的情感

不同的色彩带来的情绪、感觉是不同的，这是人们观看色彩时对自然界色彩感受的心理反应。在《本色西安》书籍装帧中，色彩创造了一个和谐统一的视觉效果。色彩的对比，就是颜色和颜色冲突的集合。不同越多，对比的效果越明显。通过亮度和色彩的对比，色彩面积、形状的处理，使视觉整体感达到和谐统一的效果。

（二）色彩节奏变化引起的心理差异

视觉图像是色彩协调的反映，颜色的搭配不仅体现了审美情趣，更是一种能增强识别的信号。色彩是记忆、象征、情感的集合，它有超自然的力量，可以表达各种情绪，造成心理链反应。在《本色西安》中，色彩包含了以下对比：色彩的扩张和收缩、色彩的轻与重、色彩的高扬与压抑等。膨胀和收缩的色彩感，相对而言，温暖的颜色亮度越高，纯度越高，膨胀的感觉越强，如使用黄色和红色；颜色越冷，明度越低，纯度越低，有收缩的感觉，如使用绿色和蓝色。色彩的轻重感，取决于亮度、颜色，亮度越高，给人的感觉越轻；明度越低，给人的感觉越重。在相同的亮度下，纯度越高，色彩感觉越冷，给人的感觉越轻；纯度越低，色彩感觉越温暖，让人感觉是更重的物体。橙、红、黄等色使人感到

---

① 耿娟. 书籍装帧中的美［J］. 西江月，2013（27）：300.

兴奋，蓝色、绿色使人感到平静。其次，亮度高的颜色，比较令人兴奋。低纯度的颜色是令人平静的。

（三）色彩的采集和重构体现视觉美感

《本色西安》中色彩的应用，无论是何种颜色，都具有自己的特征表达。每种颜色的纯度和亮度变化了，或者不同颜色间的关系变化了，色彩的表现形式也就改变了，从而传达的感情也不一样。我们采集色彩的来源主要有以下三种。

首先，寻找美丽的色彩，激发灵感。从自然中学习，自然是取之不尽用之不竭的源泉，充满了各种形式的颜色。其次，从传统色彩中继承发展。在《本色西安》中，很多色彩都从彩陶、漆器、唐三彩、敦煌壁画等古老的艺术品中汲取灵感，它们所具有的传统色有着感人的质朴和民族文化感。尽管时代变迁，人们的审美观已发生很大的变化，但若将这些色彩加以提炼，在赋予时代感的基础上，合理地再应用，仍然具有非凡的魅力。最后，《本色西安》也从民间挖掘色彩，民间的版画、刺绣、年画、皮影等作品透露着浓厚的乡土风情，带来无限的灵感和美感。

总而言之，在书籍设计中，要注意色彩的运用、色彩的情感特征，是否符合受众的特点，是否符合时代的潮流，是否个性鲜明。色彩是十分有价值的，它对我们表达思想、情趣、爱好具有最直接、最重要的影响。因此，通过色彩来表达情感，值得我们深入学习和研究。学习每种色彩代表怎样的情感，增加人们对色彩情感的理解。在《本色西安》书籍装帧中，虽没有大量华丽夺目的色彩应用，但是，对色彩的巧妙应用表达出不同的情感，给人带来脚踏实地的感觉。

二、书籍装帧中色彩情感表达的方法

儿童时期是人生思维的萌芽时期，对知识的渴求导致儿童对图书的需求较大。对于出版者而言，儿童图书是一个很大的市场。图书对于儿童道德品质的树立、人生目标的确立、审美观念的构成、学习方法的形成等诸方面都起着不可或缺的教育作用。只有吸引儿童以及家长的图书，才能发挥教育作用。如果要吸引受众，图书装帧是关键。装帧设计中的色彩运用是吸引受众眼球的重要因素。

色彩是决定儿童书籍装帧设计成败的因素之一。儿童书籍关系着教育内容的传达、科技文化的普及、儿童兴趣爱好的产生、娱乐精神的传递。只有发行量大、影响广泛的图书，才能起到以上作用；只有具备强大吸引力的图书，才能够增加发行量，扩大影响。而具有强大吸引力的书籍装帧，离不开色彩的作用，把握儿童书籍装帧设计中的色彩规律有助于创新。找出儿童对于色彩认知需求的一般规律，就容易找到符合儿童审美要求、教育要求和娱乐要求的色彩，从而达到吸引受众、扩大传递影响、增加销售数量的目的。因此，为了提高儿童书籍装帧的创作水平，色彩研究必不可少。下面以儿童图书为例，阐述书籍装帧中色彩情感表达的方法。

（一）发挥色彩作用，突出图书整体形象

任何一种图书，要赢得读者、赢得市场，就必须拥有良好的、突出的形象。设计者在设计时要注重色彩的运用。合理的色彩表现能快速给家长及儿童留下第一印象，直接传递图书的内容和主题风格，优先体现图书的整体质量、档次等特性。利用设计手段特别是色彩手段，塑造良好的图书形象，使其在群书中脱颖而出，以达到突出自身、自我诠释、宣传著作、传递内容、吸引读者、扩大受众的效果。

1. 色彩快速留下第一印象

一本书能让读者驻足的首要因素就是装帧。人们面对琳琅满目的书籍，常常会眼花缭乱、无从下手。在这个时候，装帧就会首先发挥作用，对于儿童书籍而言，更是如此。例如，凯迪克大奖得主大卫·夏农的《鸭子骑车记》，就是一本装帧色彩运用比较成功的图书。

2. 色彩直接传递内容与主题风格

优秀的装帧可以把握大众的审美心理，用独特的美术语言显示作品风格，让受众在短时间内喜欢上图书，使读者快速知晓内容，从而产生购买行为。儿童对书本最初的喜爱往往源于漂亮的装帧，他们语文水平不高，会直观画面，先入为主。好看的色彩、生动的图画，一般是吸引儿童对书本爱不释手的原因。例如，《名侦探柯南》从字面上看，就是一本侦探类的图书，它的封面背景以钴蓝色和深灰色为主，机敏睿智的卡通人物同样穿着钴蓝色西装，共同营造了阴沉深邃、神秘莫测的氛围。儿童接收了蓝黑色画面的信号，想到这一定是一本十分神秘、充满故事性、引人入胜的图书。正是装帧设计者巧妙地运用了蓝黑色调，营造了悬疑诡异、险象环生的气氛，吸引着儿童，才让该读本在对世界充满好奇的儿童圈中广受欢迎。由此可见，家长和儿童在选购儿童书籍时先进入眼帘的，大多数是图书装帧的色彩。优秀书籍的装帧，一定能够把自身的内容风格通过颜色巧妙地表达出来。

3. 色彩优先体现图书整体的质量与档次

随着社会的进步、生活水平的提高，人们选购图书十分注重图书的整体质量。例如，

《我兔斯基你》是儿童书籍装帧设计中色彩整体控制的典范。阳光出版社出版的《我兔斯基你》是一册精装图书，其硬面采用了精选的浅灰色亚麻布，封面丝印上灰色的兔斯基形象、中英文书名，封底印白色英文书名，特种油墨使文字和图案形成了一层薄薄的、光滑的厚度，与质感粗糙的亚麻布形成了鲜明的对比，手感较好。《我兔斯基你》的护封采用两种形式：一种全包，满版大红衬底，运用正负形的图形形式，反衬出白色的图案与书名；另一种半包，上半部灰色衬底反阴白字，下半部用兔斯基的半个红色脑袋作衬底，反阴白字。另外，它还有一个腰封，红底白字。由于采用 200g 高质量铜版纸，红色油墨印刷的衬底显得十分均匀、鲜艳，反白的图案和文字被衬托得雪白透亮，形成了强烈的视觉对比效果。图书通过硬面、护封、腰封的搭配，在陈列中产生多样化的效果，无论搭配方式如何变幻，红、灰、白三色始终不变。由此可见，准确地运用色彩、巧妙地搭配色彩、精心地制作色彩，能够优先突出图书的整体质量，显示出图书的文化档次，使受众更加注目。

（二）把握色彩认知情感，提升装帧水平

色彩处理是直接影响书籍装帧设计的重要一环。从视觉艺术角度看，色彩是装帧设计的前置要素，其光波可以直达视网膜，引起大脑皮层的迅速反应。因此，花时间研究色彩十分必要。不同类别的图书有着不同的色彩运用规律，图书内容、阅读对象等是装帧设计中色彩运用的重要因素。人类几乎一出生就会用眼睛追随视觉刺激，并逐渐对色彩产生本能性偏爱。婴儿刚刚会用眼睛观察世界时，最先能够辨认的是颜色，而不是形状。色彩成了人类与事物之间的一种有效联系，抓住这种联系，就能够更好地帮助儿童逐步正确地认识世界。设计者要建造这座彩色的桥梁，必须了解不同年龄段儿童对于色彩的认知程度。

第一，1~3 岁的儿童，只会关注红、黄、蓝、绿等比较单纯的颜色，还难以区别色度，更不能分辨纯度。他们意识模糊，会下意识地喜欢艳丽、绚烂的色彩。为这个年龄段儿童设计装帧的作品，应该尽量简单，色彩鲜明，对比强烈。因为，这样的图书外表能够提高儿童的敏感度，吸引他们的注意力。例如，外语教学与研究出版社出版的《克莱奥认颜色》正是根据儿童的这一特点进行装帧设计的。该图书画面没有复杂的颜色，设计者用水粉颜料在图画纸上涂抹上大片的黄、蓝，画上简单的红，分布均衡，不花不乱。年轻的妈妈抱着孩子，指着衬底鲜艳的黄色、天空通透的蓝色、小猫克莱奥漂亮的红色，让孩子通过色彩认识大千世界，这是一种有益的启蒙教育。

第二，4~6 岁的儿童，所见的颜色越来越丰富，他们开始知道还有橙、紫、黑、白、灰等多种颜色，逐渐能够区分颜色的明度，甚至能够按照颜色的深浅进行排序。一些儿童

喜爱的读物的封面和画面一般是由鲜艳、绚丽的色彩组成的，很少见到儿童手中拿着灰色系封面的图书和表现画面阴沉的画作。

第三，7~9岁的儿童，对颜色产生了更大的兴趣，通过比较纯度，认识了更多颜色。他们喜欢把各种颜色放在一起，从中找寻到对比强烈的一对颜色，也就是对比色。

第四，10~12岁的儿童，对颜色的纯度已经有所认识，对墨绿、灰蓝、暗紫已经不再抗拒，不少儿童甚至喜欢上赭石、熟褐、银白、假金等灰系颜色。由此可见，随着儿童年龄的增长，其对色彩的认知逐步丰富，色彩偏好也在不断变化。设计者有必要根据不同年龄段儿童的色彩认知，进行有针对性的装帧设计，以便建造出连接客观世界与儿童主观世界的彩色桥梁。

第四节　书籍装帧设计综合表现

一、诗歌类书籍的装帧设计表现

20世纪初，随着西方思想的传入和我国生产技术水平的提高，中国近代的书籍形态产生了较大的变化。一方面，当时的书籍在设计方面上部分沿用了传统装帧方式；另一方面，出现了新形式的版式设计——从左自右的排列方式等，同时更加注重对书籍封面的设计。直到20世纪70年代以后，日本“书籍设计”概念传入我国，我国的书籍设计才慢慢开始由最初的局部设计转向对整体书籍的设计，其中囊括了对书封、书腰、书脊、封面、封底环衬、勒口等结构的设计。进入现代社会以来，又增加了“书籍五感”的概念，即将触觉、嗅觉、听觉、味觉和视觉融入书籍设计当中，不断延伸读者的感知。在“书籍五感”中触觉和视觉属于传统装帧版式与创意设计的范畴，而听觉、味觉与嗅觉为新的拓展概念。此后，在书籍方面“装帧”一词已经不能完全囊括对书籍的整体设计，“书籍设计”开始代替“书籍装帧”进入人们的视野。

“五感”即眼睛、耳朵、口鼻、四肢等人体器官受到了刺激之后，将感知传递给大脑后表现出的五种感受。在行为心理学家的认知中，我们对事物的印象大部分都来自感官因素，所谓的感官就是我们所说的五感。“书籍五感”是五感在书籍上的延展，是通过从视觉、触觉、味觉、听觉与嗅觉多角度的延展来拓展、推动书籍形态的进一步变革。书籍设计中五感交织互通，能够加深我们的认知，提升我们感知的敏锐度，加深印象，提升阅读体验感。在“书籍五感”的指导下，设计师需要全方位考虑读者在阅读过程中的体验感受，并体现在书籍的设计制作中。

视觉是读者通常情况下在阅读过程中最先启用的感知，它通过眼睛来向读者传递各种信息，在五感感知的敏锐度中居于首位。与此同时，视觉表现也是书籍设计师在构思过程中最先考虑的要素。视觉作为“书籍五感”中的一部分，是一种传统表现方式，主要体现在图形、文字、色彩和版式这四个方面，但当代书籍的视觉表现有了进一步在材质质感上的延伸。随着书籍概念的改变以及制作技术的改进，很多设计师开始尝试使用不同的材质加入书籍的设计以及制作当中，以提升书籍与读者之间的互动性从而增强读者的体验感。

总而言之，当下许多书籍设计作品开始使用情感更强烈的材质，以此来增加作品的视觉效果以及其他方面的表现力。特殊材质因其独特的质感与特性，有着广泛的用途，且不同材质的使用能够增加书籍对读者带来的感官体验。特殊材质有着优秀的视觉表现力，在设计中使用，能够提升书籍的识别度，增强书籍的创意性，增强读者的视觉体验。在特殊材料中，比较常见的有透明纸、手工纸、珠光纸、木材、布料皮革、刺绣以及各种复合材料等。优秀的书籍设计师，能够巧用视觉为读者带来不同的阅读体验，提升书籍的吸引力，加深读者的印象。

（一）诗歌类书籍的视觉表现特点

诗歌作为一类短小精悍的文学体裁，有着丰富的文化内涵和独特的表达方式。诗歌类书籍在视觉形式上风格多样，有规整严肃的也有诙谐幽默的。设计师根据不同文本所带来的不同情感，借助不同的视觉表现方式有效地传达给读者，做到内外呼应，为读者带来更完整的阅读体验。视觉作为受众直接接受信息的方式，是最直观的，字、图形、色彩、版式与材料等方面共同构成一个整体，部分设计的不恰当，都会造成整体设计的矛盾与不协调。

1. 创意字体的运用

文字是承载信息的基础视觉元素，所以文字字体的设计在书籍设计中至关重要。一本书籍的字体主要由封面字体与内文字体构成，当代书籍字体设计更是追求在统一与舒适的基础上服务于文本内容，展现文本的气质与内涵。

（1）封面字体的创意展现。传统书法体在封面字体中十分常见，它包含有篆书、隶书、楷书、行书和草书等形式。书法体作为一种自由的表现形式，能够根据对整体书籍内文风格和诗人性格的把握进行相应的调整，能够准确地传达诗文情绪。作为中国传统的书写字体，它既可以当中文字使用，又可以作为一种视觉符号，利用基础的点线面的形式来丰富画面。

艺术字的大量使用。艺术字设计师在基本字形的基础上进行有规划的设计与变形，在保证其可读性的基础上加以情感与美学上的设计，使文字更加富有性格，更具表现力与装饰性。大量艺术字体的出现，也使得字体的使用变得多元化。不过对于字体元素的使用不可只注重个性与美观，同时也应考虑各视觉元素之间的协调搭配和对诗集内容与情感的传达。

以《海子的诗》为例，不同字体的使用所展现的视觉效果是不一样的。如果使用了常规的宋体字，在封面上占比较轻，在视觉上为人物图像让步，文字的使用基本只起说明作用；如果字体上选用了艺术字的形式，在基础字形的基础上进行拉伸变形，创意文字在封面上既作为书名文字出现，又作为图形元素出现，整体设计就会充满自由肆意的现代感。在作者与介绍上使用无衬线体，与主要文字图形呼应，富有变化。

（2）内文字体的舒适表达。在中国，最早出现的比较成熟的印刷方式是雕版印刷。清末之前，印刷的字体制式并不统一，主要依赖写工与刻工的技术。19 世纪末西方字体的标准化模式传入中国后，印刷活字开始标准化制作，这提高了印刷字体的标准度和内文排版的规范性。19 世纪末的内文字体多为宋体以及宋体变形体，到 20 世纪初出现了仿宋体，且风靡一时。当时出现了很多不同样式的仿宋体，1919 年，商务印书馆请韩佑之在宋元刻本字体的基础上，设计了独特的商务印书馆仿宋，用于排印古籍以及诗词。之后又出现了楷体活字、黑体、长宋体和扁宋体、长黑体和扁黑体、姚体、黑变体、宋黑体等，进入 21 世纪后，则又涌现出各种自由风格的字体，字体的种类急速增加。

常规的诗集内文排版多数还是选择宋体，或者更能体现文学风格的字体，现代很多电子书的出现，使得人们可以根据自己的阅读习惯自主选择阅读字体，但多数也是选择宋体变体类字体或者是更加便于阅读的等线体等。也有一些书籍，如《设计诗》，设计者以及作者对内文的文字进行重新的设计编排，使得其可以通过创意文字直接传递信息，其中的“祸”和“乱”就进行了重新设计，以求更直观的表意。除了部分内文字体重新设计之外，其余内文还是使用了宋体作为内文字体，方便读者阅读。

2. 创意图形的运用

装饰图形主要分为两类：首先是具象图形；其次是抽象图形。中国古时就会在书籍中增插图案，来增加书籍趣味性，到近代以后更加注重书籍的装饰美感，加上西方美学概念的传入，使得装饰性图形的风格与形式更加多样化。

（1）具象图形的直观表达。具象图形来源于对自然界中具体存在的事物进行的一种模仿性的表达，是一种相对真实直观的表达手法，能够让人直接接收到具体传达的信息。其中，具象元素多为人物、动物、植物、静物以及风景、场景等。具象图案的运用能直观形象地表达形象，形式手法多样，既可使用绘画形式，也可以利用摄影技术进行具象图形表达。

例如，在《顾城的诗》中，作者使用了一幅具象表达的人像照片来直接叙述主题，通过对诗人形象的视觉展示直达主题。又如，《无形之手》使用了被风吹打的树作为主要的一个视觉图形，树坚挺的枝干与吹乱的叶相互映衬，我们可以感受到猛烈的、隐形的风，展示出无形的力量，同时整个具象图形传递出一种安静又忧伤的情感，这与文本的基调相互呼应。

（2）抽象图形的联想共鸣。抽象图形对比具象图形显得更加独立，是一种有针对性的表达方式。它的形式不定，不受具体形态限制。抽象图像是一种从自然形态中的提取和凝练，它更多的是强调感受性，展现的是意象存在的隐喻性。抽象图形更多依靠创作者的情感以及抽象逻辑思维，具有强烈的概括性、联想性以及传播性。

例如，《志摩的诗》就是使用抽象的表达来展示整本书的风貌。《志摩的诗》在封面的设计上使用简洁的几何图形，整幅画面留有2/3的空白，书名以及图案集中在版面的下方。图案呈三角形，内部以波浪线划分层次，状若流水。封面寓意深刻，饱含哲理，图形设计独具匠心。

3. 多样色彩元素的运用

近代时期，由于印刷技术与印刷成本的限制，书籍多为单色印刷与双色印刷，四色印刷十分少见。虽然书籍的印刷色彩运用的少，书籍显得比较简陋与单调，但是，依旧能准确地传达出书籍信息。例如，《死水》就是典型的双色印刷，由闻一多亲自设计，在封面的设计上，只使用了金黄与浓黑两种颜色，整体设计沉稳，这两种颜色搭配，自然地产生出一种沉闷的氛围，与诗集内容吻合。

如今，我国的印刷技术已经十分发达，许多书籍在内文也已经可以完全采用彩色印刷，在颜色上的选择已经不再受到限制。例如，《原来我们彼此深爱》这本《飞鸟集》的摘录诗集，其封面色彩丰富多样，层次清晰，为封面的插画设计增添了鲜活的生命力。多种颜色的使用，可以很大程度地丰富画面，提升画面的视觉冲击力，吸引读者的目光。

4. 科学性和创意性的版式表现

书籍的版式与读者的阅读习惯是相互适应的，中国传统的书籍版式与读者的阅读习惯都是自上而下、从右而左的竖排顺序。清朝末年至民国初期书籍的版式设计多数采用中式传统版面，即通篇竖式版面，到民国时期出现了通篇横版，以及横竖结合的版式形式。民国时期的内页排版抛弃了副页，内文书页天头与地脚极其狭窄，文字过载，对读者造成一种压迫感，不利于读者阅读。

在此之后，出现了大批优秀的书籍设计大家，他们提倡书籍的阅读愉悦性，注重书籍的美感与气韵的把握。不仅有副页，且正文的天头和地脚的余留也是宽敞的，字与字的间距也很讲究，大小适宜，不疏不密，尽量达到心神舒泰的视觉效果，版面内宽敞的留白，调节了文字或插图的疏密关系，增加了视觉流线的节奏感，也方便读者在留白的地方书写一些批注和心得。

随着社会的发展和阅读习惯的改变，自左而右的横向阅读方式变为主流，自上而下、自左向右的版式成为基础排版样式。在此基础上，平面网格系统与现代版式设计的传入使得中国版面设计更加完善，在版面设计上有了更多的选择。例如，在《平面设计中的网格系统》一书中介绍了网格系统的基础理论，以及如何搭建网格，详细讨论了纸张尺寸、字体选择、分栏、行距、页边距等要素。这对书籍版式设计也有着很大的影响，网格系统使版式更具功能性，增强了整体的逻辑性与视觉美感。

总而言之，新时代的书籍版式更加多样化，形式更加灵活，更加注重美感与趣味性。如今，一本书的内容版式往往会在保持书籍整体性的前提下，随着内文发生变化。这样既缓解了读者的阅读疲劳，又增添了书籍的趣味性。除此之外，不同的编排设计也会带来不同的视觉效果，不规则的编排方式也给人以独特的视觉体验，通过综合心理学运用能够使书籍为读者带来更多样的体验。

（二）诗歌类书籍设计的发展方向

诗歌类书籍设计在整个书籍设计的发展进度中还处于滞后状态。诗歌类书籍本身对文本内容要求较高，受众较窄，所以在出版上种类较少，但是，也涌现了例如朱赢椿的《设计诗》和文爱艺的《文爱艺诗集》这些荣获“最美的书”称号的诗集。这些优秀的设计作品为我们提供了很好的参考，研究优秀的书籍设计作品，分析其中视觉方面的创新突破点，设计师可以更好地把握实践，在进行对诗歌类书籍的设计过程中，探索出可供持续的发展方向。

1. 传统文化的继承

中华的传统文化中有很多形式独特、视觉表现很强的元素，这些宝贵的设计素材对于现代设计而言，有很多值得学习和借鉴的地方。传统文化是中国书籍设计发展的基础，只有把握好传统才能更好地进行创新，逐步形成新的设计系统。中华传统文化中包含剪纸、年画、传统木刻、京剧脸谱、绳结、篆刻等视觉元素，这些都是中国特有的，有着鲜明的民族文化特性，将其运用于中国诗歌类书籍设计中，能够为书籍提供更丰富的视觉形式，也能更好地体现传统文化特点。

随着生产技术与读者审美水平的提高，书籍设计在不断发展，书籍形态也在产生着较大的变化。当前，各种形式的书籍层出不穷，制作工艺水平参差不齐，但是，独特的形式在一定程度上也是对书籍艺术的创新型探索，过于保守落后的书籍设计，必定会被整个市场以及历史所抛弃，所以加强诗歌类书籍的创新性表达是非常重要的。现代读者对书籍的选择更加多样，市面上一本书往往有许多种不同形式的版本。为了应对读者的收藏需求，许多精致的书籍设计逐渐进入市场，这为书籍设计师提供了更多的发展空间。

传统的装帧方式也是新时代书籍设计创新的一个很大的切入点。从书籍所用的材质、字体、装帧形式、色彩和版式这些方面着手，在传统书籍结构的基础上，大胆尝试使用不同的表现手法，借用不同的设计语言和设计手法来对书籍进行创新设计，从而能够更有趣地展现书籍内容。不同的视觉元素与装帧手法有着不同的功能以及情感表达，依照书籍内容来选择恰当的视觉元素以及装帧方式，能够完整呈现书籍的整体形态。因此，需要强调对传统文化的批判性继承，在现代审美发展的基础上，对传统加以创新利用，使之能够在充分展现出诗歌魅力的同时，又能使大众欣然接受。

2. 借鉴吸纳外来文化

近代以来，外来文化对我国的传统观念产生了较大的影响，西方科学理性思想与美学概念的传入，使得中国书籍设计概念不断完善，书籍更加系统化、完整化。此后，西方与日本文化对我国的影响越来越大，设计也越来越注重逻辑性与科学性。另外，各种造型元素间的比例和间距关系在多数情况下，都遵循某种逻辑关系的数字规律，换言之，科学逻辑在设计中的地位越来越重要。

平面几何学以及平面网格系统的应用就是一个很好的例证。随着平面网格系统以及其他科学规划设计的方法进一步传入中国，中国的书籍设计也从“感性”变得更加“理性”。在此类设计理念的帮助下，设计师能够使设计出更加具有功能性、逻辑性、互动性和美学性的书籍作品，也可在此基础上进行别具一格的重新创作。另外，点线面的应用、色彩心理的研究与应用、材质的研究与应用、视觉元素之间层次感与节奏感等概念都源于外来的文化，这些都是书籍设计中不可或缺的组成部分。中国传统书籍形式在现代诗歌类书籍设计中也有其独特性和可取之处，在此传统的基础上，不断吸收和借鉴国外优秀设计理念与技巧，会有助于创造出更加优秀的书籍设计作品。

3. 文化与审美的高度统一

诗歌类书籍设计在现在看来，还有许多可以加强与改进的地方。现在市场上的许多诗歌类书籍都存在问题，有的诗歌类书籍设计得比较简陋、配色浮躁、内文版式单调枯燥；有的书籍的装饰过于浮夸，只追求形式感和视觉冲击力，无法真实展现书籍的本质风貌；有的书籍追求独特，但却无法做到内外一体。这就要求我们不断针对问题进行改进，能够真正做到文化与审美的统一。

设计书籍不仅仅是要提升书籍的美观度，更要使书籍的内容与整体形态上达到高度统一，也就是做到文化与审美的高度统一。书籍的形态与视觉形象等最终是为书籍的内容服务，书籍整体要能够准确表达出文本信息，凸显书籍内容的情感基调。书籍形态的创造必须解决两个观念性前提：首先，书籍形态的塑造，并非书籍装帧者的专利，它是出版者、编辑、设计者、印刷装订者共同完成的系统工程；其次，书籍形态是包含“造型”和“神态”的二重构造。优秀的书籍设计是从书籍本身的内容出发，力求设计能够展现书籍内容的魅力、能够帮助作者更好地展现其文学的特色。过度迎合市场与潮流，忽略书籍本身的设计很快就会被淘汰。

二、儿童类书籍的装帧设计表现

（一）儿童类书籍受众的分析

儿童读物对于儿童而言，是早期教育与探索世界的开端，因此，对于儿童读物装帧设计的要求就会相对较高。正常情况下绝大部分儿童的注意力集中时间较短，即使在家长或教师的帮助下，也只有十分钟左右，因此，儿童读物装帧设计的多元化显得尤为必要。设计师应该不断地摸索，掌握儿童的生理及心理需求，将这种需求转换成为新奇的元素放入读物装帧设计中，吸引儿童的注意力，达到寓教于乐的效果。

儿童读物是指专供儿童阅读作品的统称，包括寓言故事、童话故事、历史传说故事、科幻故事、诗歌等多种形式。读物装帧设计是指从读物的文稿到读物出版的整个设计过程，也是从读物形式的平面化到立体化的过程，它包含了读物外部以及读物内部的系统设计。读物的开本、装帧形式、封面（或封套）、护封（或腰封）、字体、版面、色彩、插图以及纸张材料、印刷、装订及工艺等各个环节的艺术设计。“装帧”一词是外来语，它有装订与装饰两方面意思，包括一本书从里到外的各方面的设计，以及装饰材料和工艺的运用。

由于读物不是一般商品，而是一种文化产品，所以，在读物装帧的设计中，不论是多小的设计元素，都有可能影响到读物整体的形式美感，从色彩的运用到符号的选择，这些视觉元素要充分体现读物内容。儿童读物装帧设计的多元化对激发儿童的阅读动机，以及促进阅读的行为起着至关重要的作用。在儿童读物的装帧设计中，应通过多元化的表现形式，正确引导儿童构建健康情感世界与人格世界。为了解儿童的心理需求和审美能力，我们有必要对儿童心理进行研究和分析。

儿童阶段是人的一生中生理、心理发展极其重要的一个阶段。儿童成长的历程不同，不同成长阶段的儿童有不同的特点，对外界也有不同的需求。儿童心理特点包括：①儿童偏爱鲜艳、明快的色彩，生动可爱的形象；②儿童对富有想象力的图形表现、色彩搭配有明显的偏好，而且能够根据画面内容，延伸想象出更丰富的内容；③儿童的天性好奇心强，会选择他们好奇的，具有真实材质、肌理、结构的读物阅读；④儿童对反映现实生活内容的读物更易于接受，这样可以增进他们的思想、性格的成长。另外，儿童的审美心理大致有以下两个特点：首先，儿童很容易被事物的外在特征吸引，例如，奇特的外形、鲜艳的颜色；其次，儿童喜爱真实，只要是和实物相似的形象就是正确的，不相似的就是另类的。设计师可以在美观性、趣味性及功能性等多层面上表现读物形态的丰富性，做到更好地满足儿童的审美心理需求。

在读物装帧设计中，我们需要从各个方面来考虑儿童读者的需要：首先是满足儿童的阅读习惯，满足所有年龄段儿童的实际需要。儿童随着年龄的增长，生理和心理方面都会发生很大的变化。鉴于儿童的特点，阅读材料的设计应该更加细致，更加人性化。0~1 周岁的婴幼儿，不理解故事的内容，亮丽的颜色和抽象的简单造型更容易吸引他们；1~3 岁的儿童，会被故事吸引，并模仿文字，所以画面简洁、恰当的关键词重复出现更为适宜；大龄儿童有一定的认识能力和初步的分析能力，因此，更喜欢得到启发和探索性的阅读。与以往的“一般”分类相比，许多读物封底或封面上都明确指出了适合阅读的年龄，便于家长快速准确地选择。例如，《拍拍小兔子》是一本创造了奇迹的儿童读物。该读物以简洁的图画为主，用简单的单词加以解说，鲜艳的色彩，读物中添加了小兔的绒毛、父亲的胡须、花朵的芳香等实物，充分激起儿童的兴趣，调动了儿童的视觉、嗅觉和触觉等感官，使得儿童能够在阅读中获取知识。

婴幼儿的动作协调能力、自我保护能力较差，给这一年龄段的儿童接触的物品都需要有较高的安全性，读物也不例外，应该为婴幼儿提供最好的保护，防止意外伤害事件的发生。因此，适合用骑马订和螺旋环串订两种装订方法。儿童皮肤稚嫩，肢体协调能力较差，因而在材料方面，选用环保、健康、安全的材质为佳，少用硬度较高、边缘锋利的铜板纸。内页选用柔软的纸张，书角选用圆角，这些细节上的考虑是十分重要的。

例如，《好安静的蟋蟀》是美国贴画大师艾瑞·卡尔创作的一本 16 开的有声读物，是一个关于爱以及成长的动人故事。在翻阅读物时，会听到田间的蟋蟀发出的悦耳鸣叫。整个阅读过程是用一个儿童的手触摸，进行个人体验，个人感知，包含非常有趣的一些互动。通过这种阅读，能够认识各种不同的昆虫，带领儿童体会成长的奥妙。通过这种阅读，为儿童打开一个新的世界。通过这种肢体参与的互动，对于儿童成长而言，具有特殊和重大的意义。儿童读物装帧设计的人性化，体现在读物开本的尺寸、长度、厚度、重量、大小甚至行距。所有这些都是从满足儿童生理需求的角度来设计的。针对较小的儿童，设计尺寸一般不到16cm，而且读物的厚度不超过5mm，同时，也带有一个小的版本，称为掌上电脑或袖珍读物，是为了适合儿童翻阅及携带。

儿童的视知觉依然处于发育的阶段，一般而言，儿童的视知觉特性大致是以整体取代局部，平面取代立体，简单取代复杂。这些特性都可以应用在儿童读物的版式编排、图形设计和文字处理上。读物的版面中大多运用直观、完整的图形，去除繁复无关的枝节，使得儿童能够在短时间内注意力高度集中。依据儿童视觉移动的规律，在主要图形的旁边置放文字，注意主次关系。为了更好地吸引儿童的关注，利用字体、色彩的多样变化增强儿童读物中的差异性。因为儿童年龄小，阅读时很难完全明白读物中的文字内容的意思，这就需要通过自己参与，发挥各种感官加深印象，使得读物中的内容和阅读行为相互作用。

例如，《我看见的世界》是德国著名插画图书家安托尼·洛遐迩的作品，该读物是一本极富创意的想象力训练和视觉思考的书。本书曾获德国青少年图画书奖和博洛尼亚国际儿童图书展最佳童书奖。整书由二百五十幅图画组成，使用了不同材质技法的图片将大千世界的事物通通展现在儿童的面前。图画之间暗含着绝妙的关联和想象，将视觉、逻辑和情境连缀到一起，不但给予儿童丰富的视觉刺激和必要的美感教育，更能够培养他们思维的敏锐性、流畅性和变通性，让儿童在充满图像符号的视觉刺激里，最大限度地激发思考和想象能力。

总而言之，根据儿童的心理特点、生理需求和视知觉特性，儿童读物装帧设计必然会朝着多元化的方向发展，借由多元化的结构、多元化的物化手段、多元化的互动模式，来激发儿童的阅读潜能和促进儿童主多维思考模式，正确引导儿童构建健康情感世界与人格世界。

（二）儿童读物装帧设计的原则

1. 整体性设计原则

现代读物设计不能只追求表面的装饰，应把读物作为一个整体进行设计。设计师不仅要考虑各种元素组合所产生的识别、美学和功能性。还要把控信息传达，把握整本读物的节奏，综合运用五感的体验。

2. 人性化设计原则

“以人为本”是设计的根本，设计是一种“以人为本”的活动。人性化的设计原则是产品的主要表现，是人类发展、社会进步的必然要求。现代设计提倡“以人为本”，强调产品的功能应该是以人性为中心，然后才考虑设计。人性化设计理念在我国儿童读物形态演变中得到了充分证明，读物的设计者是根据儿童的生理和心理特点而设计的。在设计时，需要考虑儿童的特殊需求及读物的内容。儿童读物装帧设计的基本原则就是满足不同年龄儿童的需求，便于他们阅读。

3. 趣味性设计原则

趣味性原则是现代读物装帧设计众多风格中所表现出来的一部分。其实，游戏早在人类文明的初期就被认为是艺术活动的起源之一。人们在游戏中可以达到一种无功利、无目的自由状态，体验审美的趣味性。审美与游戏是相通的，审美活动摆脱任何外在目的，而以自身为目的，与心灵各种内力达到和谐，因此趣味心理始终隐藏在人们的内心深处。后现代主义设计是经历了以功能主义为核心的现代主义，回归到大众文化的需求中的结果。生活富裕的人们再也不能满足于功能所带来的有限价值，而是希望得到更美更富于游戏性的设计产品。

读物是供人阅读的特殊文化产品，以往人们阅读是以获得知识为功用，现在对它提出了更高的要求，希望在学习的过程中体会到乐趣以求达到审美的目的。曾经趣味性设计理念就是要使本来难以理解的枯燥内容生动活泼地呈现在读者面前。趣味性可采用寓意、幽默和抒情等表现手法来获得，通过选择不同的材质在读物中穿插运用，使用适合的工艺加工，以及插图的创意设计等手段产生趣味性，给读者的翻动过程带来惊喜，而不是只有千篇一律的文字说明。这些手法特别适合于儿童图书、立体图书和科普类读物的设计，学习用书和科教读物在趣味性的表达方面是值得开发的。

多元化的儿童读物装帧设计是当下儿童读物的发展趋势。儿童读物作为打开儿童想象力的钥匙，让儿童通过一道彩虹进入未知的世界，在读物中学会思考、欣赏、道德、独立。毋庸置疑，儿童读物装帧设计是一项复杂的系统工程，它包括外部的形态和内部的结构，材料的选择和印刷工艺的使用，以及互动模式的设计。

从艺术的角度来看，将儿童读物中的文字、图形图像、色彩以巧妙的方式搭配在一起，对儿童读物装帧设计而言无疑既是一种挑战，相对也是未来发展的新方向。将美观的字体与鲜明对比的色彩搭配在一起既要展现和谐的景象又要不让人感到突兀，同时要与自然进行有机的结合，穿插趣味生动的图形图像，让儿童在阅读的同时，能将读物中展现的世界与自然的世界联系在一起，这对儿童认识世界、早期教育具有十分关键的作用。在儿童读物的装帧设计中合理的运用鲜艳的色彩、运用生动的插图是儿童读物装帧设计中必须遵循的原则。儿童读物装帧设计形式的多元化将会是未来发展的方向。目前，业内已然出现了有声读物、触感读物等多元化的读物形式，这比传统的读物更能促进儿童的阅读兴致。在注重读物的品质的同时，将文字、图画、色彩、声音、触觉、嗅觉等元素巧妙地融入儿童读物中。只有这样不断地创新，才能创造出高品质的儿童读物，从而对儿童全面的发展大有益处，也大大促进了儿童读物装帧设计的全面的发展。

（三）儿童读物装帧设计的多元化表现

1. 结构的多元化发展

儿童读物装帧设计的重点是外在形式和内部结构的设计，因此，儿童读物发展的关键是形式的差异和创新。目前，儿童读物的形式正以多元化的方式向前发展，这将使儿童读物更加鲜活生动。

（1）有趣的外部形态。儿童读物的外部形态是指儿童读物向人们展示的样子。现代儿童读物的外部形态与传统读物的二维形态有着很大的区别。例如，《无纺布——汽车书》整体形状是具有立体感的汽车造型，直接呈现该读物的内容，更加生动直观，富有趣味，使儿童更容易被外形吸引，无疑是适合儿童认知的作品。特别是该读物四周的填充物是棉花，更适合幼儿使用。

因为儿童对形状的认知还不够完善，他们喜欢很直观的简单有趣的形态，所以儿童读物的外形应该简明易懂，选择儿童喜爱的形态。形状应以圆弧的代替尖锐的直角，以减少儿童接触阅读材料时被划伤的可能性。例如，《鞋带可以这样绑》是一本以鞋的造型为外部形态的读物，削减了锋利的边缘，避免儿童受伤，读物的内容与生动有趣的形态相结合，充满了活泼的童心。

（2）新颖的内部的构造。有趣的读物外形是吸引儿童注意力的法宝，而读物新颖的内部构造则是使儿童亲自参与，激发兴趣的关键。传统儿童读物的内页结构只停留在二维平面的文字与图形上，所以在读物装帧设计上应进行改变，立体造型是一个突破口。立体书为儿童带来了传统二维读物与新兴的电子读物无法取代的视觉、触觉体验。例如，《人体》是一本优秀的立体科普读物，在翻开书页时，直观精巧的立体模型呈现在眼前，可以推拉的标签、可以掀起来的翻页、可以旋转的转盘、可以翻开的小折页，都能让儿童充满兴趣的探索人类身体的奥秘。

2. 物化手段的多元化应用

材料对整个读物有着非常重要的意义。读物不仅是静态的载体，还是动态的媒介。当读者阅读时，读物与人的各种感官都有关系，如读者五官能产生触觉、视觉、听觉等感官知觉，感官之间都不相同，但又存在着细微的关系。在读物装帧设计方面，视觉与触觉的关系特别重要。通过选择不同质地的材料，可以直观地传达该读物的内容和精神，增加阅读的情趣，加深读者对读物的印象。读物的承印物日趋丰富，弥补了韧性很弱的纸质材料的一些不足，印刷制作工艺水平也有了突破性的发现。读物中非比寻常的视觉和足以乱真的触感带给儿童无限的乐趣，促进了儿童的视觉和思维体系的发育。

（1）创新材料的应用。儿童读物材料是一个非常重要的载体。不同的材质能刺激不同的视觉感受和触觉体验。学龄前儿童了解事物和了解世界的方式是用眼睛寻找物体，用手触摸物体，因此，在儿童读物中加入多种不同的材料，会增加阅读材料的美感，增加吸引儿童的阅读兴趣。由于儿童的自我保护意识较弱，因而儿童读物装帧设计在体现趣味性的同时，还应考虑安全问题，健康环保的材料是儿童读物装帧设计的首选。

学龄前儿童识字量不多，阅读材料主要以图片为主。读物内页会选择较厚的胶版纸，因为胶版纸更柔软、更吸水，更适合儿童阅读，对他们更安全。一方面，大多数图画读物会选择哑粉纸，哑粉纸是白色的，反光的减少对儿童视力会更有益；另一方面，该阶段的儿童还没有爱护读物和保护自己的意识，所以在读物封面设计时，应选择安全系数高、还原度好、厚实的纸。

较大儿童会读书识字，他们要面对教科书和课外读物，阅读量逐渐增加。针对这个年龄段的儿童应该更多地考虑保护他们的眼睛，让他们轻松阅读。因此，儿童读物通常选用彩色胶版纸。纸张柔软舒适。为了减弱对儿童眼睛的刺激，它增加背景颜色以降低纸张的亮度，并确保文本足够清晰。一般而言，纸张的灰度值在40%以下。蒙肯纸属于轻型纸的一种，成本高。因为没有荧光增白剂，它比其他纸张颜色深，色调更为自然，最关键的是长时间阅读不会造成视觉疲劳。

科技进步带来丰富、新颖的承印材料，儿童读物的设计进入了一个多元化的时代。布面读物质地柔软，安全环保，韧性好，布料视觉效果极佳，减少了对儿童的伤害可能性，布的反光较低，不会让儿童产生视觉疲劳，而布的可塑性强，具有很强的潜力和创新性，更适合于造型设计。例如，布面读物《LaLa布书动物世界》通过丰富多彩的设计、简单的场景、明了的情节、不褪色的绿色印刷方法，调动宝宝的各种感觉器官，使得儿童的观察力、想象力和创造力得以开发。读物中设有许多趣味机关，小象的长鼻子，倒挂在树上的猴子，毛茸茸的金狮子，饿得“唧唧”叫的小鸟，在妈妈肚子里玩耍的小袋鼠等十多种可爱憨厚的动物，生动地向儿童展示了一个趣味十足的动物世界。

为了让幼儿在洗澡玩水时也能与读物为伴，设计师巧妙地使用塑料材料制作读物，这种材料安全无毒，爽滑细腻，柔韧性强，并且防水，更加能够体现寓教于乐的设计性。另外，近年来，从国外引进了一种新奇的儿童读物——胶片书，在纸质书中附带了一些胶片，通过胶片与纸的结合形成特殊的视觉效果。胶片书具有生动、多样的展示形式，儿童的好奇心与求知欲被充分调动起来，在提高观察力的同时也增加了知识的储备量。

（2）科技工艺的应用。好的工艺能给普通材料带来新的活力，给设计师带来伟大的创造力，给读物带来高品质。设计师应该了解并掌握包括先进的印刷技术和各种印后工艺在内的读物加工技术。印后工艺可分为成型加工和表面加工两种。成型加工主要有穿孔、模切、半模切、异形等。表面处理主要有覆膜、镭射、上光、UV、浮雕、击凸、压凹、彩箔冲压等。

印刷读物的过程是集成各种技术和各种工艺的过程。为了达到作品的预期效果，儿童读物设计师应充分考虑印刷工艺中的技术运用，使整个生产过程严格统一。所有构思、技术以及工艺相结合的基本目的，是使儿童更好地阅读。印刷制作工艺的发展，工艺技术进步颇大，儿童读物的印刷质量不断提高。印刷是读物装帧设计的重要表现形式，印刷成品的质量直接影响到图书质量。工艺技术通过印刷呈现给读者不同的感知，印刷技术能够帮设计师打开儿童读物装帧设计中更有趣的设计空间。

第一，印刷种类。印刷技术种类繁多，大多数儿童的读物都是彩色印刷的，美观大方。双色印刷虽然不能显示四种颜色，但如果双色的配色得当的话，同样可以产生趣味性和设计效果，其成本相对较低。单色印刷是用一种单色进行印刷，也能够产生不同的色阶，这是降低印刷成本的最好方法。

第二，工艺技术。科技发展给印刷工艺带来许多新奇效果，儿童读物中采用特种工艺印制，会使读物更加出彩。设计师应该利用这些工艺技术、阅读材料，结合儿童的心理审美，使读物更有趣。

一是采用凹凸压印的工艺形式，儿童在触碰时产生凹凸不平的触摸感，这种感觉不像其他纸张的粗糙或平滑，而是给人一种规律的但又让人捉摸不透的情感，使儿童读物更加漂亮，促进儿童阅读。

二是采用丝网印刷工艺，由于丝网印刷灵活多样，不受承载物形状版面、油墨的限制，因此儿童读物设计运用这种工艺可以在各种立体象形类读物载体上印刷，丰富读物形式的同时增强儿童对读物的喜爱度。

三是烫金、烫银形式广泛应用在儿童读物印刷中，在书脊处用金箔、银箔烫印字体后，它不会因为外界的氧化作用而褪色，可以永久金光闪闪，既美观又利于储存。雕版印刷也是印刷工艺的其中一种，这种独特的印刷工艺又会因为它的立体性产生独特的设计情感。局部过 UV 光油，是许多儿童读物中都使用的印刷工艺。它能够使读物设计有全新的视觉效果。

第三，数字技术。数字技术的出现，给传统的儿童读物装帧设计方式带来了新鲜活力。其界限被突破，成为能够融合多学科的载体，数字技术让儿童读物装帧艺术设计更加多元化。数字技术给儿童读物带来的变化是非常大的，它促使了信息更有效地传达，激发了儿童思想的交流和沟通，形成了一种新的视觉文化和视觉艺术，同时，丰富了儿童的视觉。儿童读物从纸质图书到电子图书，增加了声效和动画，儿童可以看文字、听音乐、欣赏动画，还可以与图书形成互动，引发联想，同时，也获得了更丰富的视听感受。

3. 互动模式的多元化趋势

互动是读者与读物的沟通和交流，交互性是儿童读物发展的新方向，让阅读成为一种娱乐、游戏，让儿童在互动中感受参与其中的趣味，并主动接受新的知识。养成儿童互动的能力应该是阅读材料设计的首要任务。由于儿童的心理发展水平较低，阅读材料的互动过程应以形象思维和手工操作为基础。因为儿童年龄小，阅读时很难完全明白，所以需要通过自己参与，发挥各种感官加深印象。儿童与读物的互动体现在：与读物内容上的互动和阅读时相互的作用。

儿童读物设计互动模式的主角是：儿童和读物。为了让儿童更加积极地阅读，更好地理解读物的内容，设计师要设计有趣的游戏互动来引起儿童的兴致。交互性其实是一种沟通，体现在实践中，或是通过语言，或是通过行动。交互模式最首要的目标，是让儿童在阅读的时候感到幸福快乐，并且通过阅读获取知识的同时得到锻炼。交互性的设计理念也是一种进步的设计概念，它可以改善图书行业缺乏创意、沉闷和剽窃等态势。因此，我们要大力鼓励互动性的设计理念，促使儿童读物市场的创新发展，使设计师能够大胆地突破原来的设计方案、程式化的设计思维，探索新的设计理念。互动模式的创新主要有以下几个方面。

（1）参与式互动模式。以儿童为中心，充分应用灵活多样、直观形象的设计技巧，如听一段音乐、点鼻子、找到书中的小动物等，引起儿童主动参与到读物中去，增强儿童与读物之间的交流和反馈，使儿童能深刻地领会和掌握读物中的知识，并能将这种知识运用到实践中去。例如，《BALL 球》是一本无纺布书，全书呈现足球形，介绍了棒球、保龄球、羽毛球等球类的特征，并做出缩小版实物供儿童辨别。

（2）感官式互动模式。

第一，听觉。儿童对声音具有天生的敏感性与极大的兴趣。在翻阅时，会发声的书，能刺激儿童大脑的活跃度，培养儿童的注意力，同时，会带给他们美的感受，扩展其对大千世界中不同事物的想象力，促进儿童情感和智力的发育。自然界的声音成就了人类的听觉体系，听觉体系格外重要，它是人类吸收信息的主要体系之一。听力对儿童理解和记忆而言，具有促进作用，有声读物添加了声音装置，这些装置将发出与内容相关的声音或音乐，达到激发儿童阅读兴趣的目的，加深儿童对读物内容的了解和记忆，最关键的是启迪儿童的多元智能。有声读物可以很快激起儿童的兴趣，他们对声音有着天生的敏感，同时，也给儿童带来美妙的感受，促进儿童智力与情感的发育。

第二，触觉。触觉是较小儿童感受世界的重要途径。特别是对听力和视力还没有完全发育的幼儿，触觉是他们认知的主导因素。儿童都喜欢新鲜有趣的事物，这就让交互式设计在儿童读物中得以实现。交互式设计让儿童参与其中，很容易调动儿童的积极性，让他们感兴趣，所以互动是实现快乐的捷径。这种读物的形式和造型都不同于其他读物，可以打开、翻转、抽拉、拼贴，有声音和光线，或者可以播放，使得在阅读中儿童能够被带入到故事里，参与其中，这才是真正的互动。

第三，视觉。视觉是人类感知系统中最发达的，其接收信息最为直接和敏感。例如，颜色、字体、插图，甚至印刷，这些都是能够刺激儿童对读物感兴趣的视觉元素。这些视觉元素有助于儿童感受读物的色彩、形状和大小等客观条件，并对读物留下一定的印象。

总而言之，在信息全盛时代的今天，儿童读物装帧设计将要面临互联网、电子产品的挑战。作为设计师要借助前沿科技，将科技创新的技巧应用到读物的装帧设计之中，从而解决当今儿童缺乏阅读和读物内容单一乏味等问题。研究好儿童的心理、生理发育、认知、消费等特点尤为重要。好的设计思维永远不会过时，因为人们的追求——知识丰富、身体健康都是永恒不变的，设计师只要掌握了这条原则，无论载体如何升级换代，设计出的读物就是成功的。

三、词典类书籍的装帧设计表现

辞书作为工具书具有较强的释疑解惑功能，编纂辞书的直接目的是为读者解决特定的疑难问题提供帮助。因此，传统的辞书编纂往往十分强调辞书的内容而轻辞书之形式设计。一般而言，辞书包括词典类图书和辞典类图书，对于许多读者来说，词典与辞典没有区别，词典等同于辞典。即使是专门论著，对“词典”与“辞典”的定义和解释也极易混淆，不少学术著作把“词典”等同于“辞典”。但是，词典释义通常是解释基本义和常用义，不旁征博引，而辞典释义不仅限于词类且会旁征博引，所以词典与辞典是两个不同的概念。只有清楚认识词典类图书与辞典类图书之区别，明确以词典类图书为研究对象，才能科学地对词典类图书的装帧设计展开研究。

词典图书集知识性、科学性、备查性和实用性于一体，因此，无论是词典图书编纂者、出版者还是阅读者，往往只关注词典的内容，如词条、词义、词音、词语搭配、词的用法等，而忽视词典的“整体结构”，如体例的和谐统一、封面设计的优美、扉页设计的合理、版面设计的美观等装帧设计给词典带来的形式与内容相统一的“整体美”。

就词典图书的“整体美”而言，至关重要的是词典图书的装帧设计。毋庸置疑，在琳琅满目的词典图书市场上，装帧设计形式优美的词典在视觉直观上更能吸引大众眼球。词典图书往往不是凭借其自身内容，而是凭借装帧设计的“美”的形式引起消费者注意，使其产生强烈购买和阅读渴望。装帧设计优美的词典易改变读者的阅读行为，激发读者的阅读兴趣与渴望，促进人与人之间的信息传达和思想情感的沟通与交流。词典图书的编纂出版，应在保持其传统的工具性和实用性功能之外，挖掘其装帧设计形式（形态）之美。一本内容“真”和形式“美”构成“整体美”的词典，不仅能满足读者的实际需要，更重要的是能满足读者的精神需要，提高审美品位，陶冶审美情操，因此，装帧设计优美的词典图书自然能够被读者喜爱。词典图书的装帧设计不仅能加快词典图书的流通与消费，且能促进工具书（词典图书）市场的繁荣，研究词典类图书的装帧设计具有重要的现实意义。

时至今日，图书装帧设计还容易被误认为是为书籍做封面或是做外包装，书籍设计者工作目的就是保护和美化书籍。事实上，书籍装帧设计并非如此简单。作为一门造型艺术，书籍装帧设计兼具实用和审美双重功能。词典图书由于自身编纂特性，要求在实用性基础上追求装帧设计形式“美”。这种“美”的装帧设计形式不仅传达着设计者的美学理念与艺术构思，而且还彰显着创造力。通过“有意味”的形式造型体现词典图书内涵。设计者通过对点、面、线条、色彩、图像、纸张等形式因素的处理创造一个“有意味”的形神兼备的生命体，超越传统书籍装帧设计仅仅传达文字和图像信息的实用功能。

现代书籍装帧设计包括书籍设计和书籍装帧两个方面，书籍设计涉及开本、字体、版面、版心、插图、封面、护封、封底以及纸张、印刷、装订等方面的艺术设计。书籍装帧则是对书的装订、包装设计，设计过程包含了印前、印刷、印后对书的形态和传达效果的分析。书籍装帧设计是指书籍生产过程中的装潢设计工作，包括文字、版面的格式、封面图案、扉页、衬页的设计，及封面材料的选择、装订方式的决定等。完整的书籍装帧设计，是指将一叠文稿演变为一本印刷成型的图书，是各种不相连的材料、不同的工艺，有机地按照设计者的构思结合而成，书籍装帧本身是一种艺术创作，是人们用美的规律所创造的以阅读和使用为目的的物质组合形式。由此可见，书籍装帧设计是对书的内在结构形式和外在审美形态的完整设计，是一种由内至外的书籍整体构想和制作。词典图书的装帧设计，不仅要求在外在形式上不断更新变化，还要求赋予词典更深层次的内在气韵和文化内涵，彰显自身的独特艺术设计语言。在这个读图时代和消费社会里，词典图书的装帧设计呈现出鲜明的艺术特征。

（一）装帧设计的“美”与“真”，进行统一

一本高质量词典，不仅要求有高质量的内容，还要求有“美”的装帧设计。“美”的装帧设计形式是为了更好地传达词典图书“真”的内容，优秀的词典图书装帧设计，是“美”的形式和“真”的内容的完美统一。“美”的形式指向词典图书装帧设计的微观实践层面，它包括造型层面和自身形式美层面，主要表现为书籍的函套、护封、封面、扉页和内文页的设计装饰与编排，包含版式设计中的字体、颜色、行距、空白、插图等的设计安排，纸张、开本和印装方式的选择以及材料、色彩、构思等因素。结合词典图书编纂的特殊性，设计者更应关注内文页设计装饰与编排。

词典的编排方式须适应读者的检索要求，追求便捷易用，其编排和设计方式的选择要考虑词典的实际情况，如词典内容取舍、体例的编制，排版形式的创新等。一般而言，内文页设计装饰与编排包括序言、凡例、总目、索引、正文（版面设计和内容编排）、附录等内部结构形式，其中，“凡例”是对编纂目的、收词范围和数量、编辑体例、查检方法等的说明，必不可少。例如，厉善铎主编的《现代汉语规范词典》，在词典结构上首先有“凡例”对词典的功能分条加以说明；其次是索引，包括了“音序索引”以及“部首索引”，方便读者查找词语；再次是正文内容编排（包括版面设计、字体颜色、字体大小、插图等）；最后以附录 1、附录 2、附录 3 形式对“汉语拼音方案”“普通话异读字审音表”与“笔画检字”“标点符号”予以说明。

其他词典图书基本上也是按照这种内部结构进行编排和设计的。词典图书装帧设计内容作为形式的“意味”，它不仅指向词典图书自身内容的科学性和实用性，如商务印书馆编辑的《新华成语词典》释义简明准确，具有较高备查实用价值，更重要的是设计者在整体把握和理解图书内容、性质、特点和阅读对象的基础上，设计出了“美”的形式，准确、生动地传达了词典图书内涵。对于优秀的词典图书装帧设计而言，这是基本的装帧设计要求。成功的词典装帧设计，不仅要清晰准确地传达原著内容和精神实质，更要以创意为核心，设计出能够传达深刻艺术内涵和匠心的艺术形式。

“意在笔先”“胸有成竹”“作画贵在立意”等中国传统绘画理论揭示了“立意”在艺术创作中的重要性。“立意”指设计者“通过对书籍内容的理解、感受，从而在头脑中所形成的主体思想，以及如何通过艺术形象来表现主体的想法”。立意越高，设计体现的文化内涵就越高；反之，则淡然无味。词典图书装帧设计的“立意”应追求“简于象而非简于意”的艺术境界。例如，1995 年出版的《汉语大词典》装帧的设计虽简单明了，但意境高远。白色封皮上标注“Han Yu Da Ci Dian”，其下是书名“汉语大词典”，封皮底边中央是“汉语大词典出版社”，书脊设计基本秉承封面设计的简明风格。词典整体设计初看起来似乎显得过于简洁扼要而缺乏形象感，但是，其独特之处是书脊中间设计的极具中国文化内涵的“龙”图腾。由此，装帧设计意境全出，立意奇高。此外《新华词典》《汉语大字典》等词典图书装帧设计在外观形态、形象创意和内容传达上，不仅突出词典图书内容以及精神实质，更巧妙利用装帧设计独特的艺术语言传达设计者的创意，使词典图书装帧设计从形式到内容形成一个完美的艺术整体，给人以美的享受。

（二）注重材料选择和色彩运用，展现形象和情感性

词典图书装帧设计的“形象性”，直指词典图书带给读者的第一印象，其本质是以恰到好处的“形式”（色彩、图形、纸张、图片、文字等）准确传达词典图书内容，表达设计者对词典图书的把握、理解和传达其情感、设计理念和美学观念。作为“案头顾问”的词典图书，对装帧设计提出较高要求：保证词典经过多次查阅、多人查阅而不变形、不脱页，能长期保存以延长或延续词典生命力。因此，装帧材料的选择显得非常重要。

词典图书装帧设计要求充分运用材料的材质感和选用各种色彩塑造鲜明的形象，传达丰富的情感，以保证词典图书获得生命力。充分运用材料的材质感，主要表现为对封面材料和纸张的选择。词典的封面设计，要选择硬皮纸。词典的正文印刷一般要用字典纸，字典的纸薄而坚韧耐折，纸面细致透明，质地紧密平滑，抗水性能较好，契合词典图书实用的功能。通常而言，以 787mm×1092mm 的 16 开本的精装形式进行装帧，这样显得厚实，手感好，显档次。商务印书馆编辑的《新华成语词典》，通过制作图案装饰书壳，书体坚实牢固，经久耐用，而且采取双色套印，突出成语释义，既新颖美观，又方便读者的阅读使用，该词典的出版，一年的印数达 75 万册，获得了较大成功。

色彩作为视觉传达领域的主要设计元素，是书籍装帧设计的重要视觉艺术语言。对色彩的合理运用能营造出不同的情感氛围，近现代心理学研究成果表明，不同的色彩会影响读者的心理感受。一本词典要引起读者的注意，先要依赖的是对色彩、图形、线条等形式因素的合理应用带来的视觉冲击。因此，词典图书的装帧设计强调对色彩、图形和线条等

形式因素的运用，注重图形、色彩、线条等的搭配，用抽象的图形和色彩来表现书籍内容，彰显鲜明形象性与丰富情感性的统一。当代的词典图书装帧设计充分运用色彩的视觉冲击力，营造书籍的形式美感和艺术感染力，传达或表达丰富的情感。

例如，世界图书出版公司出版的《牛津当代大词典》对色彩的运用极为出色。该词典封面上半部分以深蓝色为底色，其中烫印金黄色的“The Oxford English Dictionary”，封面下半部应用浅蓝，略带灰色色彩，两部分由呈不规则的、由深至浅的蓝灰色色彩相接。书名下面是红色粗线将封面一分为二，在色彩过渡带用白色字体标明版次，黄色字体标明出版机构。整个封面色彩鲜明热烈，给人以极大的视觉震撼与感染力。金、红、白、蓝、黄相间，以深、浅蓝色为背景衬托，显得美感十足，主题表达清晰，传达着庄重典雅的情感韵味，给人以稳重、富有权威和充满智慧之感。

又如，海南出版社1995年出版的《现代汉语词典》，通过对色彩的合理运用增加设计情感。词典封面上半部分以蓝色为基调，下半部分红、白色相间，白色字体“新现代汉语词典”居于正上方，右下角为三个环环相扣的圆圈，整个设计显得简明而清晰，以抽象的色彩等形式表现词典“神韵”。《现代汉语大词典》（第五版）以红色为基本色调，大红底色从封面沿书脊一直延伸到封底。红色鲜艳、热烈、醒目，具有较强烈的感染力。整个封面主次分明，通过颜色、板块、字体的编排，反映词典的文化内涵和品位。《现代汉语规范词典》封面以蓝色为底色，以黑色为书名背景色，白色的“现代汉语规范词典”字样十分显眼，明晰而形象。以冷色调的蓝色为底色，显得自然、厚实，无夸张之嫌，“蓝色”意喻“知识的海洋”，整本词典就是浩瀚无边的“知识海洋”，形象生动地传达出设计者的设计理念和情感态度，同时，采用蓝色硬质纸作为封面，显得庄重严肃，契合词典的时代特征。当代的词典图书装帧设计，充分运用纸张的情感魅力，通过选用各种色彩构思完成封面形象设计，将图书内容、精神实质和情感态度等完美传达出来，通过运用鲜艳的色彩和线条创造独特形象，吸引和打动读者，影响着读者对词典的评价和阅读行为。

（三）坚定“艺术自觉”立场，彰显文化与现代感

坚持“艺术自觉”立场，对于中国词典图书装帧设计意义重大，不仅有利于保持艺术语境的一致性，使之易于传播、交流和接受，更是弘扬中华传统文化和艺术精神的保障，彰显民族文化独特风格，提高词典图书的艺术功效与审美价值。我国的词典图书装帧设计应利用传统的吉祥图案、龙凤等装饰纹样、图腾形象、建筑图案、象形文字、书法、绘画、木板年画、戏剧脸谱、剪纸、皮影、篆刻印章、雕花等优秀文化资源，设计出蕴含中华传统文化精神和价值内核的适应时代审美观念和审美需求的装帧艺术作品。只有根植于本土文化土

壤，结合本民族的审美期待视野、审美意识和欣赏习惯，积极吸取西方的设计观念以及方法，开拓新的设计思想和设计理念，才能创作出具有民族特色的装帧艺术作品。

例如，江苏教育出版社出版的《汉语成语源流大辞典》的装帧设计，将民族文化元素与时代流行元素结合起来，独具一格，既彰显浓郁民族风格，又体现鲜明时代感，装帧设计形式之美，装帧设计理念之独特可见一斑。《汉语成语源流大辞典》的装帧设计形式整体上充满书卷气息。封面正中央以朱褐色为底色，以类似古代建筑楼房上的“牌匾”结构为装饰框架，周边雕刻精细花纹，鲜明的“大词典”字样以竖排形式刻于框架之中。“牌匾”意寓进入成语世界之“大门”，形象生动，立意深远。在“大词典”左上方，“成语源流”以倾斜方式按“从左往右、从上至下”姿态依次排列，这四个字分别以绿、蓝、紫、褐为背景色，以白色为字体颜色烫印于其上，仿佛雕刻上去一般，融古典气息与鲜活时代感于一体。让人惊奇的是，“成语源流”之“流”字并非完全是文字形态，而是以传统的“陶瓷花瓶”替代“流”字书写的第九笔画，即一竖“丨”。这种充满创意的新颖设计，充满流动质感，极易让读者产生流连忘返之情，暗含《汉语成语源流大辞典》丰富、生动的内容对读者之吸引作用。在“大词典”文字左边是以细腻笔法勾勒的古代文人画，画面上两个文人知识分子分坐书桌两旁，交谈甚欢。封面最下面是出版社名称“江苏教育出版社”字样，就像是镶贴于镂刻的花纹背景之上，显得十分优美、典雅。

另外，《汉语成语源流大辞典》的书脊设计同样充分运用了传统文化元素，彰显文化内涵和品位。书脊上方以古代雕花为背景，在其上分层写着“成语源流大辞典”，中间采用中国古代的吉祥物麒麟的形象，麒麟动态逼真，欢愉之态跃然于封面之上，彰显着词典之生命力，显得庄重又轻快。这样的装帧设计作品，堪称装帧精品。1996 年出版的《汉语大字典》以汉字演变的历程为背景，以具体汉字如鸟、鱼、家、车、马的各时期字体形态为封面形象，构思精巧，形式生动活泼，独具特色，封面结构对称，和谐有序，传递着设计者的设计理念和设计意图。这类词典图书装帧设计以艺术语言的民族性与原创性、艺术方法的创新性，深刻地影响着当代中国词典图书的装帧设计形式。

总而言之，词典图书的装帧设计不能脱离其自身的编纂特征和内容实质，应立足于中华传统文化土壤汲取各种先进的装帧形式，借鉴西方先进的设计观念和方法，结合词典自身的独特性和设计者的创意构思，严格按照美的规律和美的形式原则，进行高度的艺术概括，创造出蕴含丰富内涵的美的装帧艺术形式，带给读者美感享受。

四、青春文学类书籍的装帧设计表现

（一）青春文学类书籍的意义

青春文学是一种以年轻人的生活为主题的文学体裁，其故事情节通常涵盖了成长、探索身份、友谊、爱情和挑战等方面。这一类文学作品的受众主要是年轻人，尤其是青少年和年轻的成年人。

第一，青春文学的受众主要集中在13~25岁之间的年轻人。这个阶段正是青少年和年轻成年人进行身份塑造、自我探索和成长的重要时期。青春文学的故事和角色往往能够与他们产生共鸣，帮助他们更好地理解自己的内心世界和面对成长过程中的挑战。

第二，青春文学的故事情节通常涉及青少年和年轻人所面临的现实问题、情感挣扎以及内心矛盾。这些故事通过描绘角色的经历和情感体验，引起读者的共鸣。读者可以从中找到与自己类似的情感经历，感受到被理解和支持的情感连接。青春文学成为年轻人情感上的出口，为他们提供了情感的寄托和理解。

第三，青春文学经常关注年轻人的成长过程和身份认同的探索。在这个阶段，年轻读者可能会面临对自己的认识和角色的困惑。青春文学的故事能够帮助他们探索和理解自己的身份，并为他们的成长过程提供指导和启发。通过看到故事中的角色如何面对成长中的困难和挑战，年轻读者可以从中获得启示，找到自己成长的方向和动力。

第四，青春文学中的故事往往充满着浪漫、冒险和梦想的元素，这可以激发年轻人的想象力和创造力。在日常生活中，年轻人可能会面临各种压力和责任，而青春文学则提供了一种避世情绪，带领他们进入一个充满奇幻和无限可能的世界。通过阅读这些故事，年轻读者可以放松心情，远离现实的烦恼，体验到一种轻松和愉悦的心境。

第五，青春文学通常使用简洁、生动的语言和叙事风格，更贴近年轻读者的口味。这种直接而有力的表达方式能够吸引年轻读者的注意力，并保持他们的阅读兴趣。青春文学的语言和叙事风格往往简洁明了，情感真挚，能够让年轻读者更好地理解故事的情节和角色之间的关系。

总而言之，青春文学的受众渴望找到与自己经历和感受相关的故事，从中获得情感共鸣、成长启发和情感支持。青春文学通过吸引人的故事情节、身份探索和想象力的世界，满足了年轻读者对文学作品的需求。无论是帮助他们理解自己的情感，还是激发他们的想象力和创造力，青春文学都在年轻人的成长道路上扮演着重要的角色。

（二）青春文学类书籍的装帧表现

第一，封面设计是书籍装帧设计中最重要的部分之一。对于青春文学作品而言，封面设计应该充满活力、鲜明而又富有创意，以吸引读者的目光。一个成功的封面设计能够引发读者的好奇心并激发阅读的渴望。

第二，在选择封面颜色时，可以考虑使用鲜艳明亮的色彩，如明亮的蓝色、橙色或绿色，以传达年轻人的活力与热情。这些色彩能够在书架上脱颖而出，吸引读者的目光。

第三，插图方面，可以呈现一个富有象征意义的图案，以突出书籍的主题和情感。例如，可以选择一个绽放的花朵，象征着年轻人的成长与绽放；或者选择一只自由飞翔的鸟，象征着年轻人追求自由与梦想的精神；又或者选择一片蓝天白云，象征着年轻人拥有无限可能性和希望。这些图案能够通过视觉上的呈现，与读者产生共鸣，引发他们对书籍的兴趣。

第四，书脊设计也是装帧设计中不可忽视的一部分。书脊是书籍在书架上展示的关键部分，因此装帧设计需要在书脊上进行精心设计，可以使用精致的字体展示书名和作者名字，让它们清晰可见。字体的选择应该与书籍的主题相契合，可以选择一种简洁而有活力的字体，如圆润的手写体或现代风格的无衬线字体，这样的字体能够传达出年轻人的活力与活泼感。

第五，背景设计在书籍的装帧中起着重要的作用，它可以利用纹理、图案或颜色来增加视觉效果。对于青春文学类书籍而言，可以选择一种充满活力的背景颜色，如浅绿色、粉红色或是浅蓝色，以营造年轻人的活力与活泼感。这样的背景色能够让读者在一眼看到书籍时，就可以感受到其中所蕴含的青春与活力。

第六，背景上还可以添加一些有关青春、成长或学校生活的图案，如书本、笔记本、音符或运动器械，以进一步强调书籍的主题。这些图案可以与书籍的内容相呼应，让读者在视觉上与故事产生联系。

第七，在装饰性元素的运用上，可以在书籍的章节标题、段落开头或页脚处添加一些小图案或花纹，以增加阅读的趣味性。这些装饰性元素应该与书籍的主题和情感相呼应，同时，不应该过于烦琐，以免干扰读者的阅读体验。

总而言之，青春文学类书籍的装帧设计应该体现年轻人的活力和情感，同时保持简洁和清晰。通过明亮的颜色、简洁的图案和现代的字体，能够传达出书籍的主题和情感。装帧设计的整体风格应与书籍的内容相呼应，使读者在一眼看到书籍时，就可以感受到它所要传达的情感和故事。

第五章 书籍的印刷工艺

第一节 纸张类型与开本设计

一、纸张的类型划分

印刷离不开纸张，不同的纸张具有不同的特性，纸张因其特性不同，质量、质地不同，印刷效果也就有差异，我们要对纸张有一定的了解。常用纸一般可以分为以下类别。

第一，以表面质地可分为单面铜版纸（单铜）、双面铜版纸（双铜）、哑粉纸、书刊纸（双胶）、灰芯单粉纸（白底白板）、牛皮纸、拷贝纸、花纹纸、颜色书纸、玻璃卡纸、双灰纸、粉灰纸（灰底白卡纸），及其他特殊纸张和手工纸。

第二，按纸张的厚度分：通常 210g 及以下为纸，250g 及以上为卡纸；双灰纸通常称为灰板。

第三，按纸张使用范围可分为铜版纸、哑粉纸、白版纸、特种纸等。

“描述纸张的性能一般用白度、光滑度、平整度、密度及平流度等来表示，不同纸质有不同的特点”①。设计印刷品必须考虑纸张的特性与印刷内容的表现，用什么纸张、用何种印刷方式，这两点至关重要。例如，印刷摄影、绘画等要求色彩严格还原的画册，要选用密度高涂布均匀的纸张；印刷一般的书籍以及临时性宣传单，采用价廉的纸张；无须裱糊的小型包装盒一般采用白板纸、灰底白板纸、牛皮卡纸等；报纸、杂志、书籍大多采用质地相对松软的新闻纸、书纸、轻质纸等。

印刷前要根据内容和成本核算选用纸张，然后再确定印刷方式。不同纸张的特点分别有：①书刊纸：常用 60~120g，纸张纤维比较粗糙，多用于信封、书刊内文及复印纸。②双面铜版纸：常用 105~210g，纸面比较光滑，双面涂布，多用于书刊的内页与封面、宣

---

① 隋元鹏，高蓬. 书籍设计［M］. 武汉：武汉大学出版社，2016.

传画册、招贴、手提袋等。③单面铜版纸：常用 170~300g，纸张有一面比较光滑，单面涂布，印刷时一般印在光滑的一面上，多用于做贺卡、手提袋及一些对裱书内页等。④粉灰纸：常用 250~500g，纸的正面为白色，反面为灰色，多用于做包装盒、手提袋，精装书籍封面的裱糊、宣传卡片等。⑤双灰纸：常用 400~2000g，纸张两面都为灰色，不能用来印刷，多用于做精装书及包装盒的内框支撑，也有设计师用作书的封面封底，运用丝网印或者烫印工艺实现图文表现。

二、书籍的开本设计

开本指一本书的幅面大小，它以整张纸裁开后的张数作为确定书籍幅面大小的标准。书籍设计首先要考虑开本的大小，不同的开本可以体现不同的视觉感受。

在书籍设计中尺度和体量感的合理选择非常重要，它是设计者将自己对书籍的理解转化为书籍形态的重要前提，也是最先传达自身身份的空间语言。在书籍设计中对书籍尺度和体量感的把握是由开本这一概念完成的。

（一）纸张的开切法

未经裁切的纸张为全开纸张，全开纸张按 2 的倍数来裁切，当全开纸张通常不按 2 的倍数裁切时，其按各小张横竖方向的开切法又可分为正开法和叉开法。

正开法是指全开纸按单一方向的开法，即一律竖开或横开的方法。叉开法是指全开纸张横竖搭配的开法。除以上的两种方法外，还有一种混合开切法，即将全开纸张裁切成两种以上的幅面尺寸，又称套开法，其特点是能充分利用纸张，根据用户的需要任意搭配，没有固定的模式。混合开切法书籍的开本一般在版权页上有所体现。如版权页上“787mm×1092mm 1/16”是指该书籍是用 787mm×1092mm 规格尺寸的全开纸张切成的 16 开本书籍。

我们国家常用的普通单张印刷纸的尺寸是 787mm×1092mm 和 850mm×1168mm 两种。通常将 787mm×1092mm 幅面的全张纸称为正度纸，850mm×1168mm 幅面的则称为大度纸，全开纸张开切成常见的有大 32 开、小 32 开、16 开、8 开、4 开，还有各种各样的开本。开本按照尺寸的大小，通常分三种类型：大型开本、中型开本和小型开本。对 787mm×1092mm 的纸来说，12 开以上为大型开本，适用于图表较多、篇幅较大的厚部头著作或期刊；16 开、36 开为中型开本，属于一般开本，适用范围较广，各类书籍均可应用，以文字为主的书籍一般为中型开本；40 开以下为小型开本，适用于手册、工具书、通俗读物等。开本形状除 6 开、12 开、20 开、24 开、40 开近似正方形外，其余均为比例不等的长方形，分别适用于性质和用途不同的各类书籍。

（二）开本设计方式

通常人们都会在不经意间将所见物体的形态进行某种心理定义——“平静的”“沉重的”“柔美的”“精致的”“粗犷的”等，给人的心理造成的直接影响是由物体的尺量与度量的空间变化对比形成的。如竖长型给人以崇高感，平宽型给人以开阔感，作为六面体的书籍也是如此。

不同内容的书籍应当选用不同的形态来体现。通常而言，小说类、经济类的书籍以16开为主；诗集采用比较狭长的小开本进行设计，因为诗中每行的字数不同，开本太大或太方会浪费纸张；理论性的书籍通常选用正度或大32的开本进行设计，这种开本庄重，能体现理论书理性的特征；儿童读物的开本比较随意，方形、弧形、异形都有，以满足儿童的好奇心理，适应不同年龄段的儿童进行阅读；典籍类的书籍开本不宜过大，以方便人们查阅和收藏；科学技术类的书籍通常用较大的开本，以显示信息量充足；画册类的书籍，按照人们的阅读习惯使用正方形、大16开本或8开本进行设计，以显示出收藏价值。

从设计的角度，书籍开本一般分为正规开本和畸形开本，正规开本是指能够把全开纸张裁切成幅面相等的纸张的开本，而畸形开本则是指不能把全开纸张开尽的开本。因此，畸形开本会浪费一定的纸张，从而带来成本的增加，这是在选择和设计开本时需要考虑的。同一种开本由于纸张规格的不同，所呈现出的尺寸或形状大小也略有差异。不同生产厂家的技术条件和设备的不同，所生产出的书籍也会出现略大或略小的现象。

第二节　印刷材料

“书籍要成型就要通过一定的材料来完成。因此，书籍材料是塑造书籍形态的物质基础，是显示书籍整体形象的基本条件。通过运用不同的材料来表现书籍之美，是书籍设计的主要表现手段之一。”①

书籍种类繁多，必须根据印刷工艺的要求和特点来选择相应的纸张和材料进行设计。不同的材料给读者提供了不同的修饰质感。普通的平装书要求便宜且携带方便，为了达到这种要求，就要使用质量稍差的标准尺寸的纸张，这样能以最小的损耗将一整张纸张裁剪出最多的页数。对于平装书而言，封面是最首要的营销工具，因此封面设计的精美度直接

---

①　周雅铭，段磊，杨锦雁. 书籍装帧［M］. 北京：北京工业大学出版社，2012.

影响到书籍的销售数字。

纸是最有代表性的书籍材料，它适合印刷、装订，通过折叠、裁切等工艺的加工最后成为一本供人阅读和收藏的书籍。书籍设计通过二维到三维的变化，将纸张与其他的材料进行组合，形成了对材料空间的塑造，使书籍更具有欣赏价值和美学价值。

随着社会的发展和技术的进步，更多不同的新型材料开始应用于书籍设计之中。合理利用材料，通过印刷、装订等加工方式，使之成为完整的书籍之后，才能显现出材料的真正价值。

第一，凸版纸。凸版纸是采用凸版印刷书籍、杂志时的主要用纸，适用于经典著作、科技类图书、高等院校教材等书籍正文。凸版纸按纸张用料成分的配比不同，通常可分为1号、2号、3号和4号。四个级别的纸张号数代表纸质的好坏程度，号数越大则纸的质量越差。凸版纸具有不起毛、质地均匀、抗水性等特征。

第二，胶版纸。胶版纸主要供胶版印刷机印制，通常用于印刷较高级的出版物，如画册、宣传画以及书籍封面、插画等。

第三，白版纸。白版纸的伸缩性能小，有韧性、不易折断，主要用于印刷包装盒和商品装潢衬纸。在书籍装订中用于精装书籍的内封。白版纸按纸面分有粉面白版与普通白版两大类，按底层分类有灰底和白底两种。

第四，其他材料。现代社会应用于书籍的材料除了标准化的纸张之外，还出现了许多新型的材料。如皮质材料，皮质封面和高质量的装订结合在一起，可以制作出不同的修饰效果的封面。羊皮具有质地好、易弯曲的特点；猪皮不易弯曲，一般多用于厚重的图书。猪皮相对较便宜，但时间久了容易产生裂纹。如今，皮质封面更多的是使用人工皮革，这是大规模图书生产更加便宜的选择。另外，布料封皮也时常出现，布料封皮实际上是纺织纤维。纤维在上浆和浸入硝酸纤维素之前，要先经过漂白去除纤维中的杂质。上浆一般是指上胶的过程，使纤维僵直，不易折弯。硝酸纤维素是液体塑料的一种，其效果比上浆要强，并具有良好的防水性。硝酸纤维布多种多样，可以通过不同的方法进行修饰。

第三节　印刷工艺

印刷是指将图文信息转移到承印物上的技术工艺，印刷的成果称为印刷品。原稿制作与印刷是产生印刷品的两个主要阶段，原稿制作与用途决定了印刷品的印刷方式，而印刷方式又对原稿制作有一定的限制，印刷品就是两者之间密切合作后的产物。

一、印刷工艺的基本要素

印刷的基本要素有原稿、印版、承印物、印刷油墨和印刷机械五部分。

第一，原稿。原稿是指制版所依据的实物或图文信息。

第二，印版。印版是用于传递油墨至承印物上的印刷图文的载体，通常划分为凸版、凹版、平版和孔版四大类。

第三，承印物。承印物是指能接受油墨或吸附色料并呈现图文的各种材料。

第四，印刷油墨。印刷油墨是指印刷过程中被转移到承印物上的物质，一般由色料、联结料、填充料和助剂组成，具有一定的黏性。

第五，印刷机械。印刷机械是用于生产印刷品的机器或设备的总称，它是现代印刷中不可缺少的设备。

二、印刷工艺的不同阶段

书籍装帧设计是一项整体的视觉传达活动，由于其产品的终端载体是纸张，所以印刷工艺对书籍装帧设计来说起着举足轻重的作用。书籍的印刷过程主要包括印前处理、印刷、印后装订。

第一，印前阶段。印前阶段包括设计稿、图片扫描、页面设置、图片文字制作、数码打样或彩喷、拼版、菲林输出、打样、校对样稿、客户签样和印刷。其中拼版就是按照一定的格式和要求把原稿拼成一块块完整的版面。菲林输出由制版单位的激光照排机等打印设备来完成。打样是指在印刷生产过程中，用照相方法或电子分色机所制得并做了适当修整的底片，在印刷前印成校样或用其他方法显示制版效果的工艺。

第二，印刷阶段。印刷阶段包括拼版、晒版、打样校色、印刷、UV、过油等。晒版是用接触曝光的方法把阴图或阳图底片的信息转移到印刷版的过程。UV 是封面印刷的一种新工艺，指在印刷过程中，为了追求一种更好的效果，采用 UV 局部印刷或覆盖 UV 膜，这种材料油光透明，手感光滑，能为封面增添新的趣味和魅力。过油是指过光油，过光油能增加印刷品表面的光泽度，增加反光的效果，使印刷品看起来更高档，并且过光油可以保护表面的油墨，防止表面的油墨被轻易擦掉。

第三，印后阶段。印后阶段包括印刷半成品、烫金、压凹凸、过胶压纹等。简装包括圈装、骑马装、蝴蝶装，精装包括有线胶装、无线胶装。烫金亦作烫印，是将金属印版加热，施箔，在印刷品上压印出金色文字或图案的工艺。随着烫印箔及包装行业的飞速发展，电化铝烫金的应用越来越广泛。压纹是为了节省开支，舍弃较贵的特种纸，而在印刷成品装订前进行处理的工艺，是页面的一种独特设计。凹凸工艺是印刷的后道工艺，根据原版制成的阴（凹）、阳（凸）模版，通过压力作用使印刷品表面压印成具有立体浮雕感的图形和文字。印压的纸张不能太薄，一般需要 200g 以上的纸张。

三、印刷工艺的类型划分

（一）平版印刷

平版印刷是指图文部分与空白部分几乎同处于一个平面的印版。印版的材料多为多层金属版，印刷时印版上的图文先印到橡胶滚筒上，然后再转印到印物上。平版印刷是利用油、水不相融的客观规律进行的印刷。它不同于凸版印刷，也不同于凹版印刷。除油墨以外，必须要有水。平版印刷制版工作简便、成本较低，可以进行大批量、高速作业，而且在批量印刷的工作中，印刷品的质量，不会因为持续高速的印刷作业强度而降低，单张纸平版印刷机一般采用四色的印刷方式；卷筒纸平版印刷机由于供纸装置速度更快，因而更加适合高速批量印刷作业的需要。

（二）水墨印刷

水墨印刷是一种特殊的印刷技术，能够在承载物上表现出细致的色彩变化。水墨印刷所使用的油墨需要进行稀释溶解，这样做是为了保证色彩印刷的平整。用稀释后的油墨进行淡色印刷比普通专色的淡色色彩表现力更为出众。因此，设计师往往利用经过稀释后的油墨进行水墨印刷，在纸张上面形成淡色的底色以备随后四色印刷使用。如果把稀释后的水墨当作四色中的一种颜色进行印制，它会在纸张上呈现出半调色彩的效果。总而言之，水墨印刷技术能够带给人们细腻的色彩视觉效果。

（三）丝网印刷

丝网印刷属于孔版印刷，它与平印、凸印、凹印一起被称为四大印刷方法。简单而言，丝网印刷是将丝织物、合成纤维织物或金属丝网绷在网框上，采用手工刻漆膜或光化学制版的方法制作丝网印版。丝网印刷与其他印刷方式相比有以下区别：印刷适应性强、立体感强、耐光性强、印刷面积大；此外，丝网印刷设备简单、操作方便，印刷、制版简易且成本低廉，了解丝网印刷的特点，在选取印刷方法上，就可以扬长避短，突出丝网印刷的优势，以此达到更为理想的印刷效果。

（四）凸版印刷

第一，凸版印刷的原理比较简单，在凸版印刷中，印刷机的给墨装置先使油墨分配均匀，然后通过墨辊将油墨转移到印版上，由于凸版上的图文部分远高于印版上的非图文部分，上的油墨只能转移到印版的图文部分，而非图文部分则没有油墨。凸版印刷技术是第一种被商业出版广泛使用的印刷工艺，过去凸版印刷术只能利用活字印刷文字信息，但是，现在的图像雕刻版也开始出现在凸版印刷书中。

第二，铸字排版印刷也可以称为铸排印刷或活字印刷，是利用浇铸制作一块完整印刷版。铸字排版印刷适合于低成本大批量的印刷成品。热压凸印刷是通过一系列协调有序的印刷，以及印后加工工艺的结合，最后图文能在纸面上形成凸起。热压凸起过程相对比较复杂，首先需要使用黏度较高的油墨进行普通的平盘印刷；其次在纸面油墨还未晾干的情况下，撒上一种细微的有色或者无色的粉末就会产生一定厚度的凸起，而且还会出现斑驳纹理，从而形成特殊的印刷效果。

第三，亚麻油毡浮雕版印刷是一种适合手工操作的小批量凸版的印刷工艺。具体而言，亚麻油毡浮雕版就是附在一块木板上形成凸起的浮雕印版，在这块印版上施加一次油墨，然后将图案压印到承载物上完成一次印刷，而且每次印刷前都必须单独施加油墨。

第四，组合印刷是指两种或两种以上的不同印刷方式组合在一起，完成不同印刷甚至包括印后加工的印刷工艺，也就是一次走纸（或塑料薄膜等承印材料）完成多项印刷工艺及印后加工的印刷方式，给商务印刷、包装印刷提高了效率。组合印刷具有其他印刷方式所不可比拟的优势，例如，生产效率高、印刷品的损耗率低、占地空间小、操作人员少、设备投资总额小、有利于防伪、提高印刷品质量和档次等。

四、印刷工艺的后期制作

当印刷油墨转移到承载物上之后，马上就会接着进行后期加工工艺。印刷后期加工是印刷书籍的最后一道程序，它包括了很多各式各样的加工的工艺。例如，上光油、模切、折叠、凹凸、毛边、覆膜等。对于这些工艺的正确、合理使用，可以给印刷作品带来更强有力的表现，能够提升整个书籍设计的创意表现价值。

第一，上光油是在印刷品的表层涂上一层无色透明涂料的后加工工艺，可以让印刷品表面形成一层光亮的保护膜，增加印刷品的耐磨性，也可防止印刷品受到污染。同时，上光油工艺也可以提高印刷品的光泽度和色彩的纯度，提升整个作品的视觉效果，是设计师们比较常用的一种工艺手法。

第二，模切工艺可以把印刷品，或者其他纸制品按照事先设计好的图形制作成模切刀版进行裁切，从而产生异形印刷品，增加丰富的层次表现力和趣味性，增加书籍作品的创意感。

第三，折叠的纸张是赋予印刷品使用功能的一种方式。不同的折叠方式可以让读者在阅读时有不同的阅读手法，这也是设计者进行创意设计的一个重要切入点。

第四，设计图形轮廓可以通过一种特殊的后期加工工艺，在平面印刷品上形成立体的凸起或凹陷的效果，这种加工工艺即为起凸工艺和压凹工艺，简称为“凹凸”。凹凸工艺能够造成纸张的浮雕效果，可以通过强化平面设计中的某个设计元素，以增强画面的视觉感染力。一般而言，凹凸工艺适合在厚纸上进行工艺加工，因为相比较于薄纸来说，厚纸更能保证浮雕效果的强度和耐磨性。

第五，烫箔是指以金属箔或颜料箔，通过热压转印到印刷品或其他物品表面上，以增进装饰效果。纸张边缘会在造纸的过程中产生粗糙的毛边，纸张的毛边是造纸过程中发生的正常现象，在后期加工过程中毛边往往被裁去，但是设计师也经常有意识地利用其进行设计创作。这样能够使作品给人一种耳目一新的感觉。

第六，切口指书页裁切一边的空白处，是指书籍除订口外的其余三面切光的部位，分为上切口、下切口、外切口。它利用书籍书口的厚度作为印刷平面进行印刷。最早的时候人们通过镀金镀银的方式对其进行装饰，以此来保护书籍的页边，现在则主要利用切口装饰来增添装饰效果，主要有以下方式。

首先，改变切口的形态。书籍的整体形态、书籍的裁切、装订和折叠形态的变化均能导致切口形态的变化。现代书籍的切口已不拘泥于特定的形状，可能规则，也可能不规则；可能在一个平面，也可能不在一个平面。

其次，材料的表达。书页在翻动时会带给人们触觉上的感受，准确选择与书籍内容相适应的纸张材料，会使切口产生非同寻常的表现力，如光滑与粗糙、平整与曲散、松软与紧挺等，不同的质感可展现切口不同的韵味。

最后，利用切口组成画面。作为书籍六面体形态的其中三个面，切口也是文字、图形和色彩的载体。在整体设计时，考虑到裁切后书籍切口的形态表达，把图形、色彩、文字等元素符号由版面流向切口，作为图形、色彩的延续，充分体现信息符号在书籍整体流动传递中的作用及渗透力，从而起到意料之外的效果。

总而言之，切口设计需要专业的装订和印刷技术来支持，具有一定难度。但是，只要在对书籍进行整体设计时有意识地关注，不断尝试与探索，相信一定能使书籍整体设计的效果发挥到极致。

第四节　书籍的装订

装订是指从物理属性上将分开的一张张纸张装配成出版物。书籍的装订方式，对书籍的形式与功能都能产生重要的影响。图书装订的技术早在公元前100年就已经存在了。随着西方印刷技术的发展，装订逐渐发展成为一种普遍的活动，进而成为出版社的商业附属物。直到19世纪，机器才成为装订流程的一部分。机器将平版纸折成书贴，增大了传统木框的尺寸，这种方式的改进使得上百本的图书可以同时印刷，极大地提高了装订的效率。20世纪，胶水和机器缝合的结合方式使图书生产成为工业化的产物。一台装订机可以完成折纸、配页、粘贴、添加封面、切割大小的一整套工作。

书籍的装订受许多因素的影响，如页数、纸张重量、预期的生命周期、制作数量等。功能也是需要加以考虑的重要因素，比如，需要携带方便的小开本书籍，可以选用胶装和骑马订；如果所设计的书籍是用于展示、摆放在高档餐厅的书，那么要选择厚重精美的精装形式。

基于销售目的的不同，书籍可以分为精装书和平装书；由于装订目的的不同，装订风格也会有所区分。

第一，图书馆装帧。任何图书都有可能被存放在图书馆，图书馆装帧就是图书馆为了长期保存和使用图书而采用的专门装订的方法。通常图书馆装帧是手工完成，封面采用较厚硬纸板，用纵向的订书钉将书本固定，并且在切口处打上壶结。封面材料一般使用皮质或布料，经过圆脊和起膊的工序。页切口可以镶金，标题可以压印在封面上。

第二，加拿大式装订。加拿大式装订本质上是一种封面裹着金属圈的装订方法。它可以平放，而书页可以穿过金属圈翻过去，是一种带着印刷书脊而装订的专业形式。通常图书馆装帧厚纸板的结合处会形成加拿大式的装订书脊槽。

第三，活面装订。活面装订是机器制造精装书的主要形式，这类的装订通常指精装。活面由三个部分组成：封面、书脊和封底。书的背部可以是方形也可以是圆形，纸板用布料或印刷纸覆盖，通过一层薄纱粘贴在书上。标题通过印刷、机器压印或热印在封面上，封面由护封包裹住。

第四，无线胶装。无线胶装是指使用胶水来装订的一种形式，一般适用于平装书和杂志。无线胶装是用胶水将书籍的内页固定在书脊上，其优点是具有通用性，能够创造出两个可供印刷的书脊，以满足书籍的视觉诉求。

第五，骑马订。骑马订是最普遍、最简单的装订方式之一，它将书的封面与书心制作成一册，骑在机器上，沿着书脊的折缝将其装订成书。骑马订的页码必须是 4 的倍数，适合于装订小型的出版物。

第六，螺旋订。螺旋订是将打好孔的单张散页，用螺旋圈或梳式胶圈穿连在一起。通常所说的螺旋订，是指用梳状圈或双铁线圈装订。采用这种装订方式的书页是穿在一起的，打开以后整个出版物仍然可以平坦地展开。

第七，手风琴图书。手风琴图书又称无脊书，通常指中国式装订和法式装订。手风琴装订采用包贴封面，使书页打开的时候以单张的形式阅读，如同手风琴一样。手风琴书页粘贴在封底，但不可以粘贴在封面里面。

第六章 书籍装帧艺术的实践探究

第一节 鲁迅的书籍装帧艺术

鲁迅是中国现代著名的作家、思想家和革命家，他的作品对于中国文学和社会思潮产生了深远的影响。虽然鲁迅本人并非书籍设计师，但他的作品在装帧艺术方面也有一定的特点和影响。

在鲁迅的时代，中国出版业还处于相对初级的阶段，书籍的装帧艺术普遍较为简朴。然而，鲁迅的作品却在当时的社会环境中表现出一种独特的风格。他的作品通常采用简洁而朴素的装帧设计，注重内容的表达而非华丽的外观。鲁迅强调作品的思想性和触动人心的力量，而不是装饰性的艺术效果。

一、鲁迅书籍装帧的艺术特征

在鲁迅的书籍装帧艺术中，常见的特征包括以下方面。

第一，封面设计简洁。鲁迅的作品封面通常采用单色或双色的简洁设计，没有过多的花纹和装饰，他更注重通过文字和内容来吸引读者的关注。

第二，字体和排版。鲁迅的作品在字体和排版上力求简洁明快，追求文字的清晰度和可读性。他注重段落的分割和文字的层次感，以帮助读者更好地理解和接受作品的内容。

第三，插图运用。虽然鲁迅的作品通常没有大量的插图，但在一些版本中，可以看到一些简洁而富有表现力的插图。这些插图通常与作品的主题相关，通过简单而直接的形象来传达作者的思想和情感。

总体而言，鲁迅的书籍装帧艺术追求简洁、朴素和直接的表达方式，强调作品的内容和思想。他的作品往往通过文字的力量，而非外观的繁复装饰，与读者产生共鸣并引发深思。鲁迅的装帧风格也在一定程度上影响了后来中国文学作品的装帧设计风格，其内容至上的原则得到了广泛传承。

二、鲁迅书籍装帧艺术的启示

在当今“信息速递”与“快餐文化”流行的时代，人们针对书籍装帧设计理念提出了更高的需求。鲁迅先生所坚持的“古为中用”与“洋为中用”的书籍设计思想，表现出其有意识地将民族性及现代性融入图书品牌意识的构建。而处理好本土文化与外来文化间的主次关系，亦是我国书籍装帧设计保有其独特性的要求。

鲁迅的时代经受着多元文化及外来审美心理的影响，但就书籍装帧而言，最好的、能经受住历史考验的、至今还被推崇称赞的设计，还是那些具有“民族性”“中国特色”的设计。20 世纪 80 年代中期尤其是 90 年代中期以来，我国图书市场由卖方市场迅速进入买方市场，出版产业在经历改革后，逐渐完成从数量增长型向优质高效型、从产品经济向品牌经济、由分散式经营向集团化经营的战略性转移。品牌，作为一种全新的经营手段，从商业领域进入出版这一独特的文化领域，在出版社中扮演核心竞争力的角色，使出版社能够在众多的同行中脱颖而出并占据一席之地。因此，强化书籍自身的民族性品牌意识与价值是非常重要的。

“图书，虽也是商品，但它是一种兼具文化和思想的特殊产品，是一个民族的精神、灵魂、审美取向的凝聚和承载”[①]。正是因为这些特质，图书的品牌不同于其他的商业品牌。图书品牌应包括品牌的统一名称、标志、广告语、颜色和聚集在这一品牌下的特殊产品——图书，它将不同出版社的出版刊物或不同类型的出版刊物区别开来，将不同国家不同民族和地域文化区别开来。图书品牌是一个兼具情感和功能的规范性系统，标志着特定的文化品位与思想，是一种文化象征。

图书品牌是一个文化共同体，也是民族性思想的传播承载体。由品牌所有者与消费者、传播者共同缔造、共同维护。大凡成为真品牌的品牌，必然在所有者和传播者、消费者之间架起了稳定可靠的情感桥梁，不仅表现了传播者、消费者对该图书品牌的认同，加快了购买行为的完成，在一定程度上，还会实现双方身份的转换，使传播者和消费者自觉维护该品牌，成为其形象代言人。鲁迅先生就把品牌意识很好地融入他的书籍装帧设计当中，他设计的书籍装帧具有非常强的个人性格特征，所设计的图案也是旁人无法模仿的，他设计的自己的书籍封面，到现今依然被使用，因为它就代表了鲁迅本人的思想。鲁迅书籍的装帧艺术对我们的启示有如下方面。

---

① 武强. 鲁迅书籍装帧艺术研究 [D]. 信阳：信阳师范学院，2013：20.

（一）书籍装帧设计要端正态度

在出版领域，随着互联网和移动互联网不断挤占读者的阅读时间，如何让传统阅读媒介继续保有一席之地，成为出版者需要深度思考的问题。鲁迅先生早在他所在的时代就认识到注重图书品牌形象的重要性，并注重将民族意识融于书籍装帧设计理念之中。

图书品牌应当要“有态度”，图书品牌的“有态度”既是出版者自身的标准，又是对社会的一种呼吁。出版者的态度体现在要做专业出版、良心出版、深度出版；而“有态度”的呼吁是希望提醒每一个读者能够积极思考，去认识作者、阅读作品。事实上，品牌态度一旦形成，就会被读者深深地铭记在脑海中，不易变更，这样有利于读者在图书选购时形成一种认同。图书的品牌态度就是以专业的态度和品质长年持续出好书，坚持对每一本书担负起责任。就像鲁迅先生一样，他所设计的每一本图书都是他详细阅读过或是自己写过的文章，无论是外来引进的著作，还是国内文人的著作，他都会细致地阅读，然后针对书籍内容进行设计，最后推广给民众，达到文艺救国的目的。

作为当代的书籍出版商无论是引进各类国外著作，还是国内的一些闲文菜谱，都要时刻保持较高的图书品质和较强的专业性。例如，唐鲁孙的系列作品《中国吃》《天下味》《酸甜苦辣咸》《大杂烩》《南北看》等，一方面阐述了中华文化美食的精髓体验，另一方面也向读者介绍了一些鲜为人知的民俗民风，以及民国初期的服饰穿戴、手工艺品、风俗习惯、名人逸事等，间接地为传承民族文化保存了珍贵的文字资料。这才是书籍“高品质、专业性”的呈现。

除了在书籍的内容上坚持“有态度”，形式上，图书品牌在书籍的装帧上要秉承着一种简约朴素、庄重典雅，并且富有质感的设计理念。将这一理念态度贯彻执行，才能设计出更多、更好的书籍装帧作品，在读者心中留下深刻印象，从而加深读者对该图书品牌的印象。“有态度”的图书品牌定位事实上带动了读者的情感和情绪，培养了一批属于自己的读者。这样看来，每个图书品牌都应该大胆清晰地亮出自己的品牌态度，并且在品牌图书中巧妙地传播出品牌态度。

鲁迅先生所提倡的是以严肃认真的态度对待书籍装帧设计，以中华传统文化遗产为依托，适时地加入各国优秀文化元素，让书籍装帧设计除了其本职功能性价值之外，又平添了些许中华民族文化所特有的中华气质。

（二）书籍装帧设计要富有个性

虽然鲁迅在书籍装帧设计中尤为关注针对民族性的思考，但并非是全盘地接收本土文化。将传统设计理念与现代审美意识进行有机结合，从而形成一种与众不同的个性化设计，才是现今书籍装帧设计对于民族性意识的正确解读。

“民族性”的体现简约并不是简单，而是指图书的纸张、文字、颜色等设计元素完美地融合在一起，呈现出和谐统一的形式感，表现出清新淡雅、流畅大方的韵味。为了紧紧突出这一风格特色，图书品牌在开本、颜色、字体设计等方面都要极为考究。

书籍的形态，即图书的整体表现形式，既包括封面、开本、书脊、颜色、版式设计的外形美，又涉及图书流动的内容美，是两者的完美融合。恰当的书籍形态对读者的视觉、触觉、嗅觉、听觉都会有一种诱导功能，同时也会在整体上形成自己的图书品牌风貌和个性，具有极强的辨识度。

从传媒定位视角来看，读者定位也就是受众定位，它将不同的图书品牌区别开来，成为个性化出版的基础。改革开放 40 多年以来，我国已逐步形成买方市场格局，读者在文化需求上表现得越来越复杂，出现了明显的分层。所以图书品牌要对其消费人群进行精准的定位，那些人群是有着一定阅读品味追求的学者、文艺青年、都市小资群体。这样的读者定位在图书的装帧设计上打上了鲜明的烙印。根据不同的阅读人群引进图书，并采用不同的书籍装帧设计。

图书品牌通过精准的读者定位和简约的书籍形态来打造自己的个性化出版，一方面最大限度地满足了目标读者不同梯次的阅读需求，为读者提供了细致而周全的服务，进而培养了一批自己的读者群体；另一方面也旗帜鲜明地彰显了自己的图书品牌特色，进而形成了自身图书品牌风格的整体面貌，从而有利于图书品牌在激烈的图书市场竞争中脱颖而出。

装帧设计同中国美学均讲求“立意”，都暗含着一种“言有尽而意无穷”的意境。在当下激烈的图书品牌竞争市场下，形成一种兼具实用性、文化性及艺术性的个性化风格已成为众多设计师们的追求。鲁迅先生所提出的“拿来主义”及“西学东渐”思想，提醒现代设计师在打造个人设计风格时，注重民族性及现代性元素的交融，在受众审美需求不断攀升的背景下，树立专属自我的品牌形象。

（三）书籍装帧设计要品质卓越

在书籍装帧设计品牌意识的树立上，除了要有严谨端正的设计态度及融合民族与现代元素的个性风格外，还要紧跟全球一体化发展的走势，树立图书品质优先的良好意识，将书籍装帧设计从“中国制造”走向“中国创造”。

图书品牌要具有良好的品质，包括装帧和材质，才会受到广大读者的喜爱。鲁迅先生就极为重视图书的品质，所有纸张的装订方式他都会亲自监督。这种负责的态度和严谨的精神正是我们当代社会所需要的。

现代图书种类较多，而且较为杂乱，阅读人群也层次不同，并且销量庞大，但是在书籍装帧上不可以为了节约成本而忽略其品质感。现今大众的审美趣味提高，所以图书必须精益求精，努力提高其品质。才能使大众更喜爱纸质图书。

鲁迅先生的书籍装帧设计理念让当下设计师们重新关注并审慎思考民族性、现代性及国际性三者的含义及关联。启示我们在如今竞争日益激烈的图书市场，保持高品质、高质量的图书，方是留住广大读者的有效举措。互联网时代的到来，电子图书等新型文字载体打击了传统纸质书籍的市场，书籍装帧设计面临着前所未有的挑战。结合传统民族文化及现代设计方法，形成独树一帜的个性化风格，才是书籍装帧设计的正确选择。所以，当代设计师应学习鲁迅先生对待书籍装帧严谨的态度，加强图书品牌形象意识，以开放的眼光对待传统文化及外来优秀文化，在实现其实用价值之外，给广大读者带来一场视觉与心灵上的审美盛宴。

第二节　钱君匋的书籍装帧艺术

钱君匋先生，1907 年生，原名玉堂，字君匋，学名锦堂，号豫堂，其故乡浙江省桐乡同样是茅盾的故乡，又是丰子恺的旧居所在。钱君匋先生是我国现代书籍装帧艺术设计的开拓者，他在艺术领域涉猎广泛，除专门从事书籍装帧设计之外，还是一位出色的书法家、编辑出版家、音乐家、作家和诗人，精通篆刻、中国绘画、西洋绘画、收藏和鉴赏。钱君匋先生艺术生涯 70 余载，艺兼众美、才情卓越，尤其是在书籍装帧设计方面取得了巨大的成就。钱君匋的书籍设计风格特点具体如下。

第一，兼容并蓄。钱君匋的作品兼容并蓄，融合了中西方文化和美学理念。他在设计中既融合了中华传统文化的元素，如印章、篆刻等，又注重引进国外新科技、新材料和新彩印，在白纸、黑墨、透明色、粘贴、拼贴、造型等方面注入中国传统美学，在东西方艺术交流方面作出了卓越贡献。

第二，极具创意。钱君匋的设计作品极具创意，他以独特的思维方式和视觉效果为目标，创新风格超越常规，不断挑战自我，创造出大量引人入胜、卓越优秀的作品，造就了他的艺术风格。

第三，注重细节。钱君匋在设计作品时注重细节，从文字、图案的选择到排版、装帧的设计，他都以严谨的态度对待。注重细节使得他所设计的书籍舒适易读，同时给读者留下更深刻的印象。

第四，以艺术为导向。钱君匋的设计追求高度的艺术性，他的书籍设计起源于艺术思考，注重造型结构的美感、色彩效果的呈现和新颖的创意。他的书籍设计带有艺术家的韵味与风骨，将艺术性融入设计的方方面面。

钱君匋作为中国现代书籍设计的重要代表之一，在书籍装帧艺术的发展史上留下了丰富的成果和经验。他的设计作品以其独特的风格、创新的思维和优秀的品质获得了读者和专家的广泛赞誉，给我们提供了珍贵的设计思维和美学启示。钱君匋的书籍装帧艺术在中国现代书籍设计史上扮演着重要的角色，推动了中国书籍美学的发展和繁荣，是中国现代书籍设计的典范之一。

第三节　范用的书籍装帧艺术

当代出版家范用是名副其实的“为书籍的一生”，在70多年的出版生涯中，策划出版了一大批具有人文气息、反映时代特色、蕴含文化价值、还原历史事实的图书，特别是在书籍装帧领域有着极高的造诣。范用不仅重视内容策划与编校质量，而且注重书籍的外表，在内容和形式的完美统一中追求编辑活动的至境，其晚年所编《叶雨书衣》便是其书籍装帧理念的集中体现。“叶雨”是其笔名，他自谦做装帧设计只是“业余”爱好，故取名谐音“叶雨”。该书收集了或经范用亲自设计制作，或体现其构思和建议的70多幅书籍装帧作品，由出版社的美编绘制完成，可见其书籍装帧的一贯作风，具有示范性意义。

一、封面设计风格呈现多样化

范用对装帧设计的兴趣是从小培养的，小学时就爱好美术，喜欢漫画，1938年进入读书生活出版社后，受到同事影响，对书籍装帧渐生浓厚兴趣。他经常下班后自学设计，处女作《抗战小学教育》得到经理赏识，之后便在业余时间进行书籍封面设计，与装帧结下不解之缘，经过几十年探索，积累了丰富经验，形成了鲜明特色。他强调书籍装帧要把握多样化风格，力避单一无味的呆板形式。

（一）多元互补的封面元素

一本书的封面如同一个人的脸面，对读者接触图书的第一感觉，具有定向和导引的审美功能与文化特质。“范用善将各种传统元素综合运用于封面布局中，手迹、印章、花笺、框线等看似小巧的元素经设计组构之后，均释放出新的文化内涵与审美气息。”①

《叶雨书衣》收录的70多部作品中，有27部作品的封面设计运用了手迹元素，包括作者手写书名、手写签名、书稿节选、名人题名、名人题词等。文字是装帧设计中不可或缺的重要部分，字体的形态特点及其整体匹配度体现着书籍的内涵与作者的态度，也留给受众无尽的想象空间。朱光潜先生的《诗论》，封面设计大气美观，新颖独特。范用将朱光潜手稿中的“诗”“论”两个小字放大几十倍，置于封面作为书名，再配上作者手写签名和一个印章，简洁中凸显美观，实为佳作。范用主持出版的《读书文丛》的封面设计也堪称一绝。《天下真小》《西窗漫记》《未晚斋杂览》《十二象》《译余废墨》等《读书文丛》系列图书基本是窄32开，以斜置的作者手稿为主要图案，编辑修改的痕迹清晰可见，让读者恍若返回书稿的写作场景之中，封面上还配有丛书标记——一个坐着读书的曼妙女子形象，标记和手稿字体颜色一致，再加上作者的手写签名，整体给人亲切之感。

印章是范用设计封面时经常使用的视觉元素。印章作为传统文化的物化形式，传承着几千年的中华文明，其刻印手法和方式体现着作者的文化品格。将印章运用于书籍装帧设计中，增强了书卷气，也表达了一定的审美趣味。从《叶雨书衣》收录的作品看，范用对印章的巧妙安排，以李一氓的《存在集》和《一氓题跋》最为突出。前者有8个形状不一的作者印章，横铺于封面，作者手写的书名竖排正中，压于印章之上，书名刚劲有力。后者有9个印章，书香满怀，包孕文化意蕴，体现了作者的文化品格。范用为姜德明所编《北京乎》设计的封面上有两个小印章，都为书籍装帧艺术家曹辛之所刻，一为“姜德明编”，一为一条蛇，因为曹辛之属蛇，均位于书名左下角，竖着排列，于不经意间展示作者信息，妙趣横生，整个封面简洁明快，干净利落，满溢清新质朴之风。

花笺和框线是范用设计封面时喜用的“小玩意儿”，可谓匠心独到，别具一格。范用收集了许多花笺，平时舍不得使用，专用来做设计。《叶雨书衣》中有30部作品的封面使用了框线或花笺元素，简洁有力，充溢审美情趣，平实大方中渗出浓浓书味。三联书店推出的《文化生活译丛》系列丛书，大胆运用框线和颜色，从众多丛书中脱颖而出。《叶雨书衣》中收录的《番石榴飘香》《思想家》《情爱论》《彼得·潘》《书和画像》《人与事》等，用两条大小不一的框线包围封面文字，框线中镶嵌深浅不一的同色调，大气美观，把封面勾勒得赏心悦目。杨绛的《干校六记》和《将饮茶》，书名和作者手写签名居右上角，封面的主体元素是两个颜色不一的框线，包围着一个简洁的花笺，整个封面清新自

---

① 周国清，朱美琳．当代出版家范用的书籍装帧艺术探析［J］．出版科学，2019，27（2）：31.

然，深受作者喜爱。

（二）简洁明了的书卷气息

范用注重书籍内容美，同时力求通过装帧设计让其品位更上一层。他追求素雅、简洁、具有书卷气息的设计风格。书卷气体现着书籍装帧的气韵，也凝聚着中华文化的精神内涵。

中国艺术倾向于传神达韵，强调文化内涵的积累与精神气象的传承。范用是中华传统文化的优秀继承者和传播者，认为书卷气最能表现传统文化之神韵，是装帧设计必须遵守的原则，因此浓厚的书卷气成为范用书籍装帧设计的明显标志，他为 2005 年 8 月第一版《泥土脚印（续编）》设计的书衣就是代表。这是范用自己写的怀旧文字，借以怀念故乡、母校和同学师友。封面下方是书名和作者手写签名，上左以两枝新生梅花做底，印有巴金的题词，梅花左下加盖作者印章。整个封面有作者手迹，有名人题词，有梅花，有印章，清新质朴，书卷气弥漫。图书扉页是老友丁聪为他画的漫画像，幽默风趣，纯真可爱。封底的画选自比利时版画家麦绥莱勒的作品集，读书生活出版社曾将此图作为社标。优秀的书衣赋予图书内容个性化的生命气息，能在第一时间抓住读者。范用主张装帧设计要简洁明了，不拖泥带水。范用设计的书衣几乎找不出繁杂的痕迹，他出的是真正的文学作品，值得收藏。

（三）中西结合的艺术特色

装帧设计是将图书文化内涵进行形象化实体呈现的表达艺术。范用亲自动手或指导完成的许多设计，不乏体现传统文化内涵的经典之作，而一些西方经典书籍的翻译版本，又颇具西方特色。范用对不同书籍采取不同的装帧理念与审美策略，中华文化与西方特色兼具。

例如，范用为曹聚仁的《书林新话》设计的书衣，红色矩形框稳居封面，书名和作者名都为作者所书，然后选一张旧的花笺做装饰。一灯红烛，一卷兵书，若隐若现的两杯酒盏和一把宝剑，配以“检书烧烛短，看剑引杯长”的文字，设计元素简洁却蕴含丰富，彰显传统特色，呈现中华文化特有的审美倾向。扉页用一张作者手稿，更具文化意味。

三联书店于 20 世纪七八十年代出版了一批外国文学作品，如《我热爱中国》《我的自传》《圆舞曲之王》《高尔基政论杂文集》等，作者肖像印于封面之上，设计的美学表达独到。1982 年 12 月第一版的《高尔基政论杂文集》，封面设计特色鲜明，灰色和橘色两个长方色块相压，书名横跨两色块。范用找出了收藏已久的高尔基的有关资料，选用库克雷尼克塞画的高尔基漫画像，请人翻成白色线条。又将《高尔基戏剧集》里高尔基的手写签名放大十几倍，用黑色横印在书脊上，流动飘逸，视觉效果立体多维，凸显异国风情。

二、因“书”制宜且出神入化

范用一直将为读者出好书作为首要任务，每发现一部好书稿，总是想方设法将其乔装打扮，使其美观鲜活地与读者见面。经范用之手的图书，都根据其不同特点进行设计，每一本都赋予不同意义。因“书”制宜，量体裁衣，是范用倡导的书籍装帧理念，他对书籍的热爱全部体现在装帧设计的细节之处。

（一）设计彰显书籍内容特质

书籍装帧设计是一项立体的、多层面、全方位的系统工程，要求形式表达与内容特质高度契合，彰显书籍的审美个性。范用在几十年的出版生涯中，总结了装帧设计的要领，认为一定要在充分理解、熟谙图书内容的基础上进行设计，要着重突出每本图书各自的特点。

范用指导下的大多数书衣设计作品都遵循这一原则，诸如《诗论》《编辑忆旧》《西谛书话》《书林新话》《存在集》《干校六记》《将饮茶》《随想录》，以及《读书文丛》《文化生活译丛》等，都有着极为出色的封面设计。图书封面给读者的第一印象往往在很大程度上影响了其购买选择与阅读的行为，好的封面设计会在无形中扩大销售量。装帧设计者应充分把握图书内容，适应读者需求与心理，让读者在有意味的形式中窥见书籍本质，实现装帧元素的审美效应。

（二）装帧风格表现作者思想

在范用看来，出版者要根据自己的经验和对作者的了解，设计适应不同作者风格的作品，从风格上表现作者思想，强化读者对作者的印象。《编辑忆旧》就是一部典型的通过风格透析作者思想的作品，封面设计能让读者在视觉冲击的第一时间联想到作者赵家璧，进而了解其思想内涵。

《编辑忆旧》封面采用黑色做底，主体是放大的当年上海良友图书印刷公司的标记，即一位农民在田野播种的线描画，线条用粉色，书名和作者名用白色，没有出版社名称和标记。这样的封面包含着几层含义：作者赵家璧曾在良友图书公司做过多年编辑，选用良友的标记做封面，很有纪念意义；内容大多是各位作家在良友图书公司出书的故事，用此构图易引起读者和当事人的回忆、联想；赵家璧是一位文学编辑，就如同封面上的播种者，可谓是文学的播种者，用此构图颇具象征意义；“播种者”的图案具有装饰美，很适合作为封面。赵家璧对此设计十分满意，常与友人谈起，对范用更是赞不绝口。范用与赵家璧之间的交流不仅是出版者与作者的交流，更是两位以编辑为终身爱好的朋友之间心灵的交流。

范用强调，做出版也是交朋友的过程，多了解作者的成长与工作环境，多了解书稿的写作背景与意图，以及书稿可能涉及的当事人等，都能对装帧设计起到深化内涵的作用。要设计优秀的作品，就必须对作品、作者有足够的认识，如此才可能诞生让后人称赞的经典之作。

（三）装帧色彩体现图书个性

图书装帧至少包含文字、图形和色彩三要素，其作用都是表现图书的内容与特质，三者互相配合，相辅相成。色彩作为重要的设计语言，能鲜明地传达图书定位、功能和个性特征，满足不同读者群体的审美需求。书籍装帧中的色彩运用体现在封面、书脊、扉页、插图、内文等各个层面，其中封面设计最为突出和重要。因此，范用在进行装帧设计时，针对不同种类的图书分别给予不同颜色，最大化地体现图书个性。

针对学术类图书，范用为费孝通的《乡土中国》设计书衣时，采用了相当单纯的设计手法：封面上只有三个元素，即灰绿色方框、灰绿色书名和作者手写黑色签名。书底是淡淡的米黄色，有点“乡土”味道。设计虽简单，却鲜明地表现了图书的“乡土”内涵，传达出图书的文化韵味。

儿童类图书具有知识性、趣味性等特点，范用要求在装帧设计时抓住儿童心理特点，要设计得生动形象，让儿童在感受美的同时，培养其认识美、欣赏美、创造美的能力。《孩子的心理》针对如何对待孩子的种种不良习惯提出了一些看法，范用为之设计的封面色彩鲜亮，生动活泼，一幅可爱的彩色画占据封面一半位置，画中注入了太阳、树木、花朵、小溪、鱼、小男孩与小女孩等要素，同时运用红色、紫色、绿色、黑色等颜色，与图书读者对象和主要内容相称。整个封面以一半橙色、一半米黄色做底，颜色的运用让人联想到生机勃勃的大自然，符合儿童的心理特征与审美需求。

设计传记类图书时，范用认为封面设计要符合传主身份，表现其精神内涵。《无鸟的夏天》是韩素音自传三部曲中的一本，其余两本是《伤残的树》和《凋谢的花朵》。三本书都以白色为底，配以钢笔画，四周是或黄或橙的暖色框线，书名一律用冷色，颜色对比鲜明，整体给人素雅淡朴之感，符合传主女性的身份和图书的内容特质。

色彩有独特的表意功能，在封面设计、书脊设计、插图设计和内文设计中起着重要作用，出版人应充分考虑各方面因素，协调运用色彩，发挥其视觉效果，优化其审美功能。

三、书籍装帧整体与细节相和谐

编辑要通盘考虑书籍装帧设计中各种元素的巧妙布局，统筹兼顾整体与局部的关系，实现内容与形式、结构与功能、宏观与细节上和谐统一。范用特别强调图书的整体设计功能，认为书籍要整体设计，不仅封面，包括护封、扉页、书脊、底封乃至版式、标题、尾花，都要通盘考虑。在范用的装帧理念中，版式与整体风格要统一，插图与形象个性要协调，纸材与内容特质要相称，使整体装帧与细节处理呈现出艺术张力的和谐之美。

（一）版式与整体风格的统一

版式设计是装帧设计的重要组成部分甚至核心内容，直接影响图书的质量，影响读者对作品的感知程度。版式设计主要包括版心位置及大小的确定、间空和周空的确定、字体字号的选择、字距和行距的确定、文字和图片的关系处理等。版式有自己的语言和语调，在与读者对话中表达意义，形成话语空间，适当的、正确的语调和节奏能帮助读者更好地了解人物角色，感受不同的情感变化。

范用尤重版式设计，着重突出两个内容：一是主题鲜明，版式简洁；二是内容集中，大量留白。不同主题承载的文化内涵各不相同，编辑应根据作品内涵设计不一样的版式，表达主题，传递意义。以女性为读者对象的作品，应多表现细腻、温馨、优雅的气质；以男性为读者对象的作品，应善用刚毅、稳健、大气的元素；以少年儿童为读者对象的作品，应赋予活泼、单纯、简洁的感觉。范用为三联书店老牌丛书《文化生活译丛》设计的版式具有“主题鲜明、版式简洁”的特点，一直沿用至今，深受读者喜爱。《儿童的心理》专为少年儿童设计，版式编排活泼、简洁，符合儿童阅读习惯。

内容集中、大量留白能给读者足够的想象空间，范用常用此法设计版式。他为巴金《随想录》设计的内文版式疏朗有致，版心小，天头大，赏心悦目，深得巴金赞赏。留白是艺术设计中须遵循的视觉准则，恰当的留白能让版面各元素之间保持应有的距离，让读者在体悟之中拥有一定的放松空间。越是大师，越懂得留白的艺术。版式设计是艺术与技术的结合，是图书内容的集中表征，也是设计者个性风格的体现。

在范用看来，设计者应发挥自己所有的智慧与能力，将要传达的信息通过文字、图形等要素统一起来，运用特定表现手法为读者营造阅读意境，运用“情感形象”带领读者感受作品的内在魅力。

（二）插图与形象个性的协调

插图是书籍装帧的重要组成部分，能直接生动地表达情感。设计插图是一种再创造活动，优秀的插图是经过作者和编辑的提炼，对作品进行再表现的成果，具有很高的艺术价值。范用特别注意插图的运用，认为插图是设计者对书籍内容进行理解与诠释的结果，是设计者情感表达的途径，优秀的设计者应将自身情感与作者情感共同融入插图之中，让图书的真实内涵完整地释放出来。

插图是活跃图书装帧的重要方式，对于诠释文字、丰富版面有极为重要的作用。范用设计了许多巧妙利用插图的图书。1988 年，他为叶灵凤的《读书随笔》（三册）设计封面，每一册封面都用 19 世纪英国插画艺术家比亚兹莱的插图，颇有西洋书的味道。叶灵凤写过四篇关于比亚兹莱的文章，分别介绍其人、其画、其散文、其书信，可见叶灵凤对比亚兹莱有着极大的兴趣。这样的封面设计既表现了图书内涵，又尊重了作者的喜好。范用也曾亲自操刀，为金克木的《旧学新知集》设计封面，封面上选了三只凤凰的图案，似乎是借用凤凰涅槃的典故，喻旧学再生，与图书内容交相辉映。

范用认为文学作品更应考虑插图问题，出版人应主动向作者询问有无插图，如遇确需插图而作者没有提供的情况，应想方设法弥补。如遇初版时来不及做插图的，应在再版时考虑补充插图，尤其是口碑较好、市场欢迎度高的作品，更应重视插图的运用。

（三）纸材与出版特质的相称

纸材作为物质载体，是构成书籍的重要元素，它是有温度的、有智慧的，是美的精灵，是书籍表达精神内涵的重要方式，通过触感与读者进行沟通，将情感与智慧传递给读者，把奇妙体验和感受带给读者。在范用的眼里，书是有生命的机体，书的内容以及封面、扉页、勒口、正文版式、插图、纸张材料等，都是生命的组成部分，丝毫不能将就。范用将纸材作为装帧设计的基础，他设计图书十分注重纸材的选择，尤其是文化类图书。

《随想录》是巴金的著作，1987 年 9 月出版，包括《随想录》《探索集》《真话集》《病中集》《无题集》五卷。范用对纸材的选择很有讲究，米色不同于传统的白色，米色会给读者不一样的视觉体验，让读者有细腻、温暖之感；细密柔软的手感能使读者内心安定，让读者以平和、理性的态度阅读作品。所选纸材的这些特征与《随想录》的主题内容相符，与其整体形象相称。纸材是传递书籍精神内涵的重要方式，合适的纸材能激起读者共鸣，引发读者联想。纸材的种类是不断发展变化的，设计人员须用力挖掘和正确运用其可塑性，与其进行无声交流，通过纸材完美地展现图书内容。

范用是出色的编辑家、出版家，也是书籍装帧艺术家，他总以真挚的童心追求尽善尽美的境界，脑海里总浮现着最美之书的完美形象，在书籍装帧艺术领域留下了宝贵的精神财富。新时代的编辑主体应学习其思想及理念，树立先行者崇高的精神，追寻先行者温暖的足迹，将传播优秀文化视为出版人的历史使命，在把握多样化风格的基础上，因“书”制宜，将整体与细节完美融合，将装帧设计视为图书出版之翼，为读者提供内容与形式俱佳的精品力作。

参考文献

[1] 蔡颖君，乔磊，刘佳. 书籍装帧设计［M］. 北京：中国轻工业出版社，2015.

[2] 陈军，冯翠翠. 儿童书籍装帧设计研究［J］. 出版广角，2017（5）：42-45.

[3] 杜佰通. 论鲁迅书籍装帧艺术的当代思考［D］. 长春：东北师范大学，2017：13.

[4] 耿娟. 书籍装帧中的美［J］. 西江月，2013（27）：300.

[5] 侯少蓉. 书籍装帧中的色彩语言研究［J］. 美术大观，2016（12）：137.

[6] 康帆. 从材料语言角度再谈书籍设计的新思路［J］. 出版科学，2012，20（1）：33-37.

[7] 李英伟. 新媒体背景下书籍装帧的创新设计［J］. 丝网印刷，2023（1）：36-39.

[8] 李雍. 论书籍装帧［J］. 文艺生活·文艺理论，2011（3）：48.

[9] 娄山. 应用型人才培养下书籍装帧设计课程教学改革策略［J］. 西部素质教育，2023，9（1）：159-162.

[10] 罗明波. 书籍装帧设计艺术的发展［J］. 编辑学刊，2012（2）：81-83.

[11] 吕敬人. 吕敬人书籍装帧艺术设计［J］. 北方美术，2001（3）：68.

[12] 马庆贤，聂琰. “适度”为美——探析书籍装帧中的过度设计［J］. 绿色包装，2023（1）：149-153.

[13] 欧阳路芊. 浅谈书籍装帧设计［J］. 内江科技，2012（9）：33.

[14] 隋元鹏，高蓬. 书籍设计［M］. 武汉：武汉大学出版社，2016.

[15] 孙玲玲，詹学军. “打散构成”在书籍装帧设计中的应用研究［J］. 编辑之友，2023（4）：90-96.

[16] 万蕾. 钱君匋的书籍装帧设计艺术述略［J］. 兰台世界，2015（3）：156-157.

[17] 王川. 书籍装帧之形态美［J］. 当代文坛，2010（5）：140-143.

[18] 王晓玉，钱江. 中国文化语境下书籍设计叙事方法研究［J］. 苏州工艺美术职业技术学院学报，2023（1）：22-25.

[19] 王奕鑫，张大鲁. 新媒体冲击下的书籍装帧设计思考［J］. 湖南包装，2023，38

（1）：38-40.

［20］王育琴. 论书籍装帧设计艺术的传承与超越［J］. 鞋类工艺与设计，2022，2（23）：49-51.

［21］武强. 鲁迅书籍装帧艺术研究［D］. 信阳：信阳师范学院，2013：20.

［22］夏磊. 维多利亚时期书籍设计研究［J］. 新闻爱好者，2022（12）：68-70.

［23］闫小荣，熊英. 漫谈书籍装帧设计［J］. 河北旅游职业学院学报，2015（2）：88.

［24］易中华. 文字在书籍装帧设计中的双重性［J］. 包装工程，2011，32（4）：33-35.

［25］殷莉晶. 版式设计在现代书籍装帧中的运用研究［J］. 鞋类工艺与设计，2022，2（22）：32-34.

［26］应艳. 书籍装帧设计的文化内涵［J］. 包装工程，2014，35（22）：81-84.

［27］张涵. 新阅读环境下纸质书籍的诗性设计［J］. 造纸信息，2022（12）：52-53.

［28］赵永涛. 近代艺术家钱君匋的书籍装帧艺术［J］. 兰台世界，2014（35）：145-146.

［29］郑崴. 材质美感是书籍装帧中的人文关怀［J］. 美术大观，2013（10）：1.

［30］周国清，朱美琳. 当代出版家范用的书籍装帧艺术探析［J］. 出版科学，2019，27（2）：31.

［31］周雅铭，段磊，杨锦雁. 书籍装帧［M］. 北京：北京工业大学出版社，2012.